▌한국산업인력공단 CBT 출제유형 수록

출제유형 모의고사 문제집만 풀어봐도 합격한다

답만 보이는

지게차 운전기능사 모의고사 문제집

JH건설기계자격시험연구회 편저

CBT최신
경향 모의고사
12회 수록

시험에 꼭 나오는
쪽집게 노트 수록

• CBT 상시 모의고사 12회 수록
오롯이 수험생의 합격만을 위한 문제집

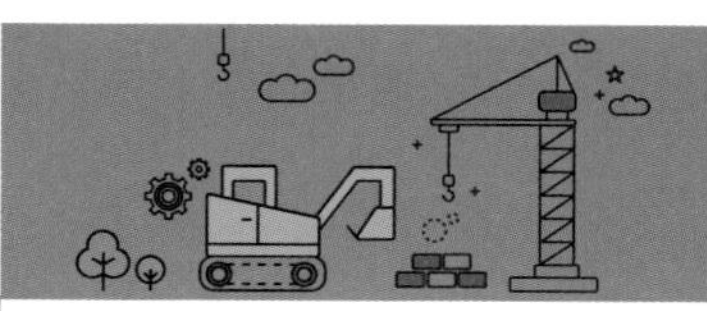

머리말

건설, 물류, 유통 분야가 대형화되고 기계화되면서 운반용 건설기계는 여러 산업분야에서 다양하게 활용되고 있습니다. 그중 지게차는 현대 산업의 물류부분에서 없어서는 안 될 건설기계로 자리 잡았으며 이를 반영하듯 20대부터 50~60대에 이르기까지 연령 구분 없이 응시생 및 자격 취득자 수가 꾸준히 증가하고 있습니다. 연도별 국가기술자격증 취득 1위 종목에 거의 전 연령대에서 부동의 1위를 차지하고 있는 것이 지게차운전기능사입니다.

이에 정훈사는 최신 출제 경향과 지난 10년간의 기출문제를 자세히 분석하여 자격시험 합격에 최적화된 모의고사 문제를 도출하였습니다. 수험생에게 단기간에 효과적인 학습이 될 수 있는 교재가 되도록 하였습니다.

이 책의 특징

❶ 새롭게 개편된 출제기준을 반영하였습니다.
❷ 단원별 출제 빈도를 적용한 문제들로 구성하였습니다.
❸ 자주 출제되는 중요한 문제에는 ★ 표시를 하여 강조하였습니다.
❹ 건설기계관리법, 도로교통법 등 최신 개정법을 완벽 반영하였습니다.
❺ 실제 CBT 시험과 같은 형태를 제공하고자 하였습니다.
❻ 시험에 자주 출제되는 내용만을 수록한 족집게노트를 구성하였습니다.

자격증 시험은 60점만 획득하면 합격하는 시험으로 총 60문항 중 36문항만 맞히면 되는 시험입니다. 이 책 한 권만으로 실제 CBT 시험을 치르는 것 같은 체험과 합격에 필요한 학습 효과를 얻어 여러분 모두에게 합격의 영광이 있기를 기원합니다.

JH건설기계자격시험연구회

시험 안내

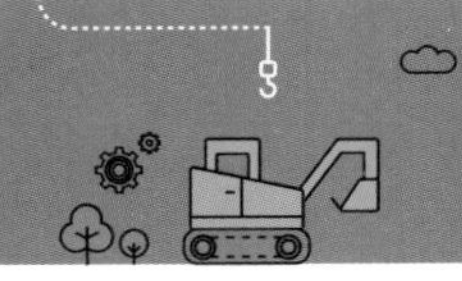

필기 시험정보

관련부처	국토교통부
시행기관	한국산업인력공단
응시자격	제한 없음
시험과목	지게차 주행, 화물 적재, 운반, 하역, 안전관리
검정방법	전 과목 혼합 / 객관식 60문항 (60분)
합격기준	100점 만점에 60점 이상 (60문항 중 36문항)
시험일정	• 상시(연중 실시) • 한국산업인력공단 큐넷(www.q-net.or.kr) 홈페이지에서 확인
원서접수	• 인터넷 접수(www.q-net.or.kr) • 정해진 회별 접수기간 동안 접수
시험 응시료	14,500원
시험방식	• CBT(Computer Based Testing) • 한국산업인력공단 큐넷(www.q-net.or.kr) 홈페이지에서 CBT 필기 모의시험 체험하기 가능 • 시험 당일에도 수험자교육을 통해 시험 방법 안내
합격자 발표	시험 종료 즉시
필기시험 면제기간	합격자 중 합격자 발표일로부터 2년간 필기시험 면제

실기 시험정보

시험과목	지게차 운전 작업 및 도로주행
합격기준	100점 만점에 60점 이상
시험일정 및 접수	• 인터넷 접수(www.q-net.or.kr) • 접수 시 수험자 본인 선택 • 먼저 접수하는 수험자가 시험일자 및 시험장 선택의 폭 넓음 • 필기 합격자에 한하여 응시
시험 응시료	25,200원
시험방식	작업형 / 4분 정도 소요

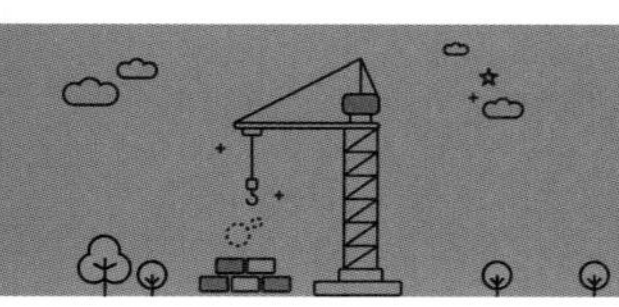

필기시험 출제 기준

주요항목	세부항목	세세항목
1. 안전관리	1. 안전보호구 착용 및 안전장치 확인	1. 안전보호구 2. 안전장치
	2. 위험요소 확인	1. 안전표시 2. 안전수칙 3. 위험요소
	3. 안전운반 작업	1. 장비사용설명서 2. 안전운반 3. 작업안전 및 기타 안전 사항
	4. 장비 안전관리	1. 장비안전관리 2. 일상점검표 3. 작업요청서 4. 장비안전관리 교육 5. 기계 · 기구 및 공구에 관한 사항
2. 작업 전 점검	1. 외관점검	1. 타이어 공기압 및 손상 점검 2. 조향장치 및 제동장치 점검 3. 엔진 시동 전 · 후 점검
	2. 누유 · 누수 확인	1. 엔진 누유점검 2. 유압 실린더 누유점검 3. 제동장치 및 조향장치 누유점검 4. 냉각수 점검
	3. 계기판 점검	1. 게이지 및 경고등, 방향지시등, 전조등 점검
	4. 마스트 · 체인 점검	1. 체인 연결부위 점검 2. 마스트 및 베어링 점검
	5. 엔진시동 상태 점검	1. 축전지 점검 2. 예열장치 점검 3. 시동장치 점검 4. 연료계통 점검
3. 화물 적재 및 하역작업	1. 화물의 무게중심 확인	1. 화물의 종류 및 무게중심 2. 작업장치 상태 점검 3. 화물의 결착 4. 포크 삽입 확인
	2. 화물 하역작업	1. 화물 적재상태 확인 2. 마스트 각도 조절 3. 하역 작업
4. 화물 운반 작업	1. 전 · 후진 주행	1. 전 · 후진 주행 방법 2. 주행 시 포크의 위치
	2. 화물 운반작업	1. 유도자의 수신호 2. 출입구 확인
5. 운전시야확보	1. 운전시야 확보	1. 적재물 낙하 및 충돌사고 예방 2. 접촉사고 예방
	2. 장비 및 주변상태 확인	1. 운전 중 작업장치 성능확인 2. 이상 소음 3. 운전 중 장치별 누유 · 누수
6. 작업 후 점검	1. 안전주차	1. 주기장 선정 2. 주차 제동장치 체결 3. 주차 시 안전조치
	2. 연료 상태 점검	1. 연료량 및 누유 점검
	3. 외관점검	1. 휠 볼트, 너트 상태 점검 2. 그리스 주입 점검 3. 윤활유 및 냉각수 점검
	4. 작업 및 관리일지 작성	1. 작업일지 2. 장비관리일지
7. 도로주행	1. 교통법규 준수	1. 도로주행 관련 도로교통법 2. 도로표지판(신호, 교통표지) 3. 도로교통법 관련 벌칙
	2. 안전운전 준수	1. 도로주행 시 안전운전
	3. 건설기계관리법	1. 건설기계 등록 및 검사 2. 면허 · 벌칙 · 사업
8. 응급대처	1. 고장 시 응급처치	1. 고장표시판 설치 2. 고장내용 점검 3. 고장유형별 응급조치
	2. 교통사고 시 대처	1. 교통사고 유형별 대처 2. 교통사고 응급조치 및 긴급구호
9. 장비구조	1. 엔진구조	1. 엔진본체 구조와 기능 2. 윤활장치 구조와 기능 3. 연료장치 구조와 기능 4. 흡배기장치 구조와 기능 5. 냉각장치 구조와 기능
	2. 전기장치	1. 시동장치 구조와 기능 2. 충전장치 구조와 기능 3. 등화장치 구조와 기능 4. 퓨즈 및 계기장치 구조와 기능
	3. 전 · 후진 주행장치	1. 조향장치의 구조와 기능 2. 변속장치의 구조와 기능 3. 동력전달장치 구조와 기능 4. 제동장치 구조와 기능 5. 주행장치 구조와 기능
	4. 유압장치	1. 유압펌프 구조와 기능 2. 유압 실린더 및 모터 구조와 기능 3. 컨트롤 밸브 구조와 기능 4. 유압탱크 구조와 기능 5. 유압유 6. 기타 부속장치
	5. 작업장치	1. 마스트 구조와 기능 2. 체인 구조와 기능 3. 포크 구조와 기능 4. 가이드 구조와 기능 5. 조작레버 구조와 기능 6. 기타 지게차의 구조와 기능

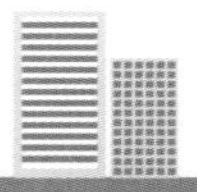

실기시험 출제문제

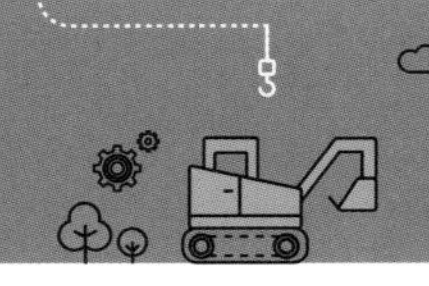

실기시험 코스운전 및 작업

- **시험시간** : 4분
- **항목별 배점** : 화물하차작업 55점, 화물상차작업 45점
- **요구사항** : 주어진 지게차를 운전하여 다음 작업순서에 따라 도면과 같이 시험장에 설치된 코스에서 화물을 적 · 하차 작업과 전 · 후진 운전을 한 후 출발 전 장비위치에 정차하시오.

※ 실기시험 문제 및 유의사항에 대한 자세한 내용은 큐넷 홈페이지(http://www.q-net.or.kr) → 고객지원 → 자료실 → 공개문제에서 직접 확인하시기 바랍니다.

• 작업순서 •

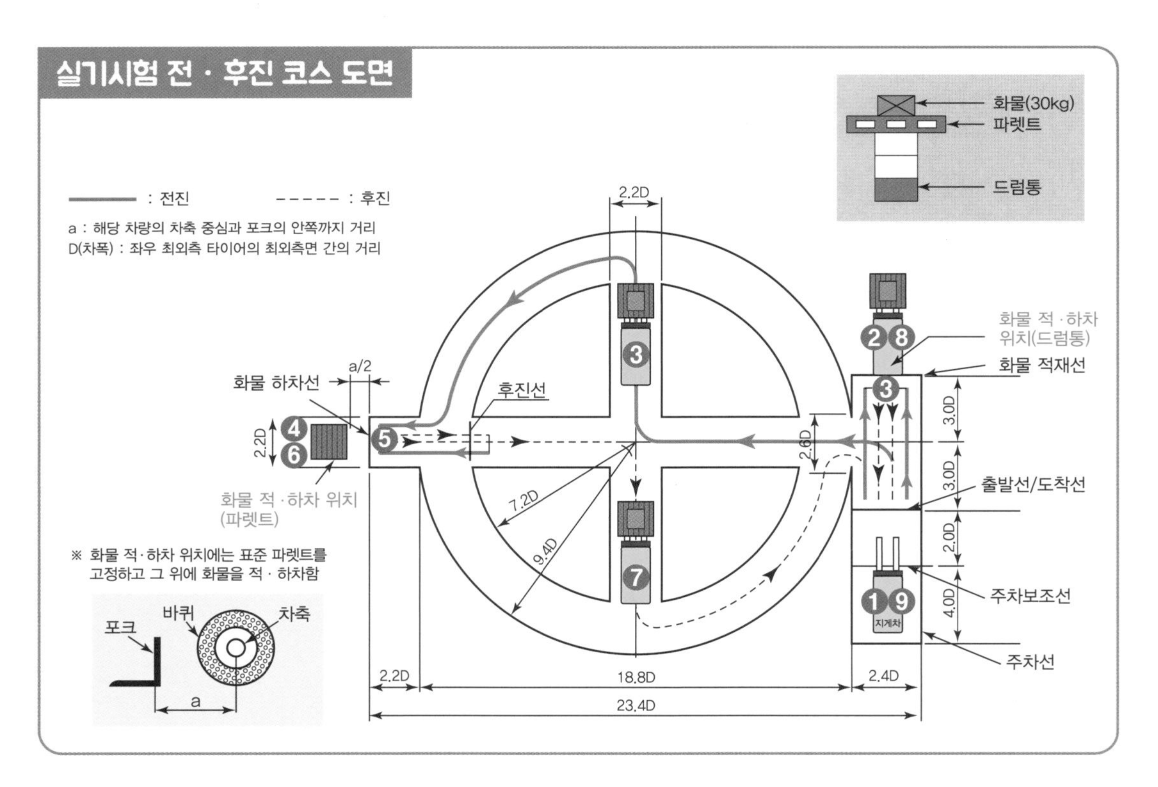

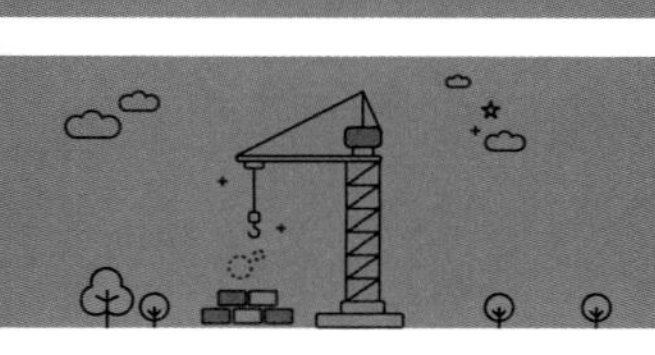

1. 출발 및 전진주행

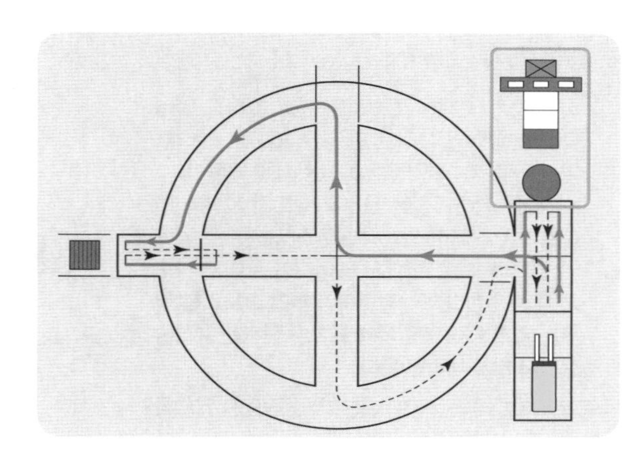

☑ 지게차에 탑승하면 반드시 안전벨트를 착용하고, 준비가 되면 손을 들어 감독관에게 신호한다.
>>> 안전벨트 미착용 시 감점 요인

☑ 출발선에 이르기 전까지 리프트 레버를 당겨 포크를 지면으로부터 약 20~30cm 들어올린다.
>>> 50cm 이상으로 너무 높이 들어올리면 실격 요인

☑ 감독관이 출발을 알리는 호각을 불면 전 · 후진 레버를 앞으로 밀고 가속 페달을 천천히 밟으며 전진한다.

☑ 출발선은 1분 이내에 통과해야 한다.
>>> 1분 이내 출발선을 벗어나지 않으면 실격

2. 화물 적재

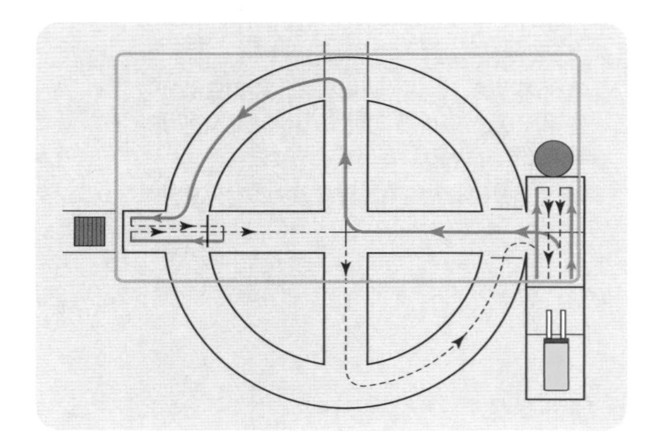

☑ 화물 적재선에 도착하면 리프트 레버를 당겨 포크를 드럼통 위에 놓여 있는 파렛트의 구멍까지 올린다.

☑ 틸트 레버를 이용해 포크를 수평으로 놓고 천천히 파렛트의 구멍으로 포크를 삽입한다.

☑ 포크가 파렛트 구멍에 거의 들어가면 포크를 약 10cm 정도 들어올리고 틸트 레버를 살짝 당겨 마스트를 운전석 쪽으로 후경함으로써 파렛트가 떨어지지 않도록 한다.

3. 후진 및 화물 적하장으로 전진 주행

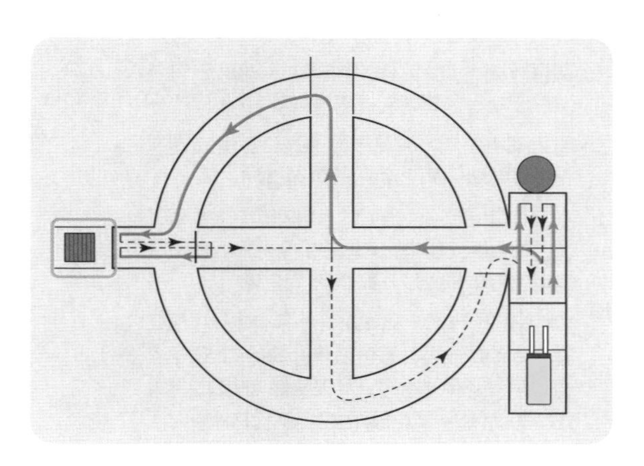

☑ 후진하면서 포크를 지면에서 20~30cm 정도 높이까지 다시 내린다.

☑ 앞바퀴 물받이 부분이 코너 라인과 일직선이 될 때까지 후진한 후 좌회전하면 라인에 바퀴가 걸치는 것을 방지할 수 있다.

☑ 정해진 코스에 따라 다음 화물 하차 위치까지 전진 주행한다.

☑ 코너링 시에 라인에 걸치지 않으면서 무사통과하려면 코너 라인과 20~30cm 간격을 두는 것이 좋다.

4. 화물 하차

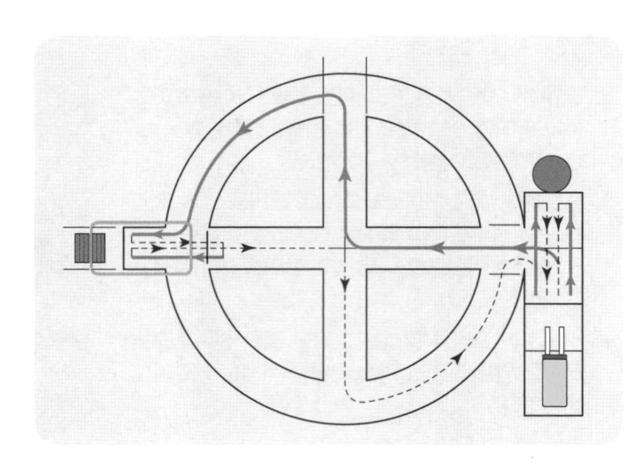

☑ 화물 하차 지점에 도착하면 틸트 레버를 밀어 파렛트를 수평 상태로 만든 후 리프트 레버를 밀어 화물 적 · 하차 위치에 파렛트를 내린다.

>>> 화물 적하지점에 있는 파렛트의 사방에 테이프가 부착되어 있거나 노란색 페인트로 칠해져 있으며 화물 적하 시 테이프가 보이지 않도록 내려야 한다. 단, 정확히 맞추려고 노력할 필요는 없고 테이프 안쪽에 표기된 빨간색 표식만 보이지 않게 내리면 된다.

☑ 화물 하차 후 포크에 파렛트가 끌려오지 않도록 주의를 기울이면서 후진한다.

5. 후진

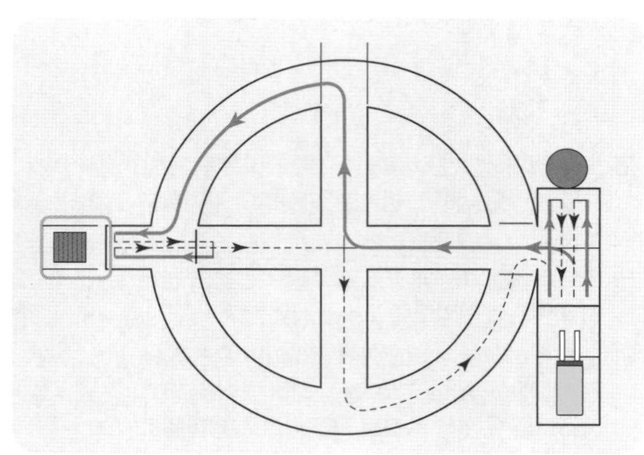

☑ 화물 하차 후 포크가 후진선 중앙에 위치하도록 후진한다.

☑ 후진 후 틸트 레버를 밀어 포크를 수평으로 맞춘 후 리프트 레버를 밀어 후진선이 표시된 바닥에 소리가 나도록 포크를 내려야 한다.

>>> 후진선 바닥에 포크가 닿지 않으면 감점 요인

6. 내린 화물 다시 적재

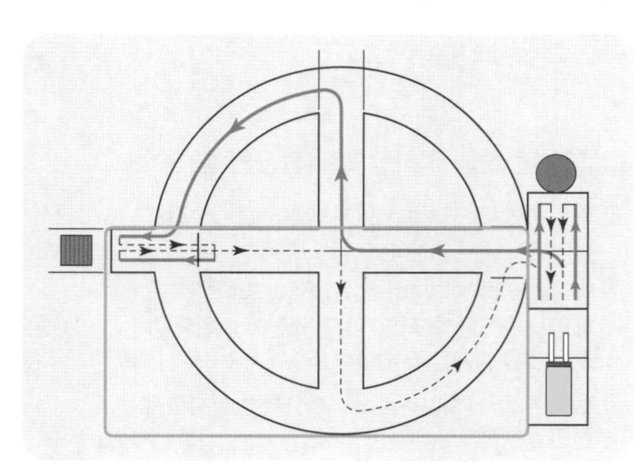

☑ 그런 후 다시 포크를 지면에서 20~30cm 정도 높이까지 올린 후 전진한다.

☑ 화물 적재 선에 도착하면 리프트 레버를 당겨 포크를 적하한 파렛트의 구멍까지 올린다.

☑ 틸트 레버를 이용해 포크를 수평으로 놓고 천천히 파렛트의 구멍으로 포크를 삽입한다.

☑ 포크가 파렛트 구멍에 거의 들어가면 포크를 들어올린 후 틸트 레버를 살짝 당겨 운전석 쪽으로 후경함으로써 파렛트가 떨어지지 않도록 한다.

>>> 화물의 적재와 하차를 위한 구역에서는 포크를 50cm 이상 높이 들어도 무방 하나 그 외 구역을 이동할 경우에는 반드시 포크를 지면으로부터 20~30cm 올린 후 이동하는 것 잊지 말자.)

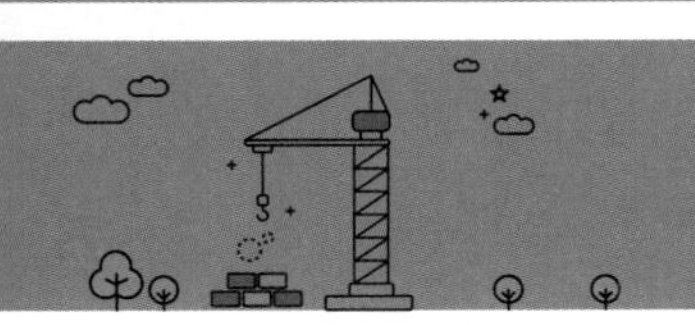

7. 다시 적재 후 처음 위치로 후진 주행

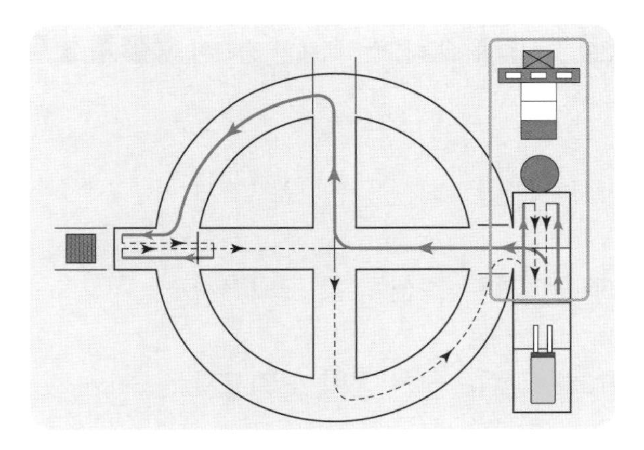

- ☑ 전 · 후진 레버를 당겨 후진한다.
- ☑ 정해진 코스에 따라 출발선 앞까지 후진 주행 한다.
- ☑ 후진하며 코너링 할 경우에는 전진할 경우보다 옆 라인과 더 여유로운 간격을 두고(30cm 이상) 코너링 해야 라인에 바퀴가 걸치지 않으니 주의 한다. 특히 출발선에서 이루어지는 마지막 코너링은 라인이 뾰족하게 그어져 있어 30~40cm 정도로 간격을 넓혀 회전한다.

8. 화물 하차

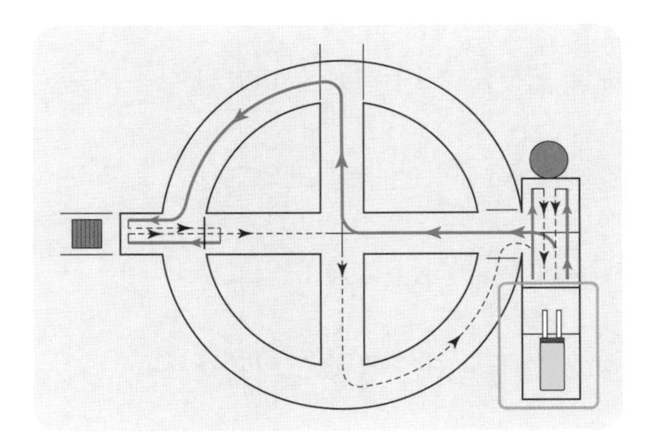

- ☑ 후진으로 마지막 코너를 돈 후에 전 · 후진 레버를 밀어 화물 적재선까지 전진한다.
- ☑ 화물 적재선에 도착하면 리프트 레버를 당겨 포크를 드럼통 위까지 올린다.
- ☑ 드럼통 위에 파렛트를 적재한 후 틸트 레버를 이용해 포크를 수평으로 조정하여 파렛트가 끌려오지 않도록 조심스럽게 후진한다.
- ☑ 후진하면서 포크를 지면에서 20~30cm 정도 높이까지 내린다.

9. 시험종료

- ☑ 지게차가 주차구역 내에 들어가도록 하고 포크는 주차보조선에 위치하도록 조정한다.
- ☑ 틸트 레버를 이용해 포크와 지면이 수평이 되도록 하고 리프트 레버를 밀어 포크를 주차보조선 위에 내려 놓는다.
- ☑ 전 · 후진 레버를 중립 위치에 놓고 주차 브레이크를 당긴다.
- ☑ 안전벨트를 해제하고 안전하게 하차한다.

이 책의 차례

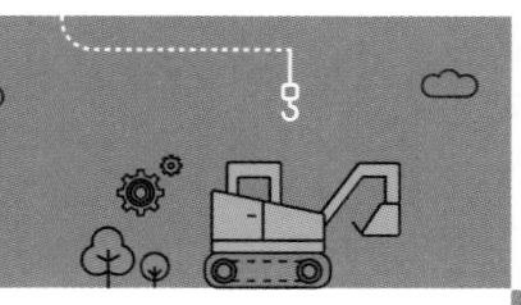

시험에 잘 나오는 내용만 정리한 **족집게 노트**

지게차 운전기능사

시험에 잘 나오는
내용만 정리한

족집게 노트

안전관리 

001 안전의 3요소 : 관리적 요소, 기술적 요소, 교육적 요소

002 산업안전보건에서 안전표지의 종류

① 금지표지 : 특정의 명령을 금지시키는 표지
② 경고표지 : 유해 또는 위험물에 대한 주의를 환기시키는 표지
③ 지시표지 : 보호구 착용을 지시하는 등의 지시 표지
④ 안내표지 : 위치를 알리는 표지

안전 : 보건표지의 색채 및 용도

- 빨간색 : 금지, 경고－방화표시
- 노란색 : 경고－충돌 · 추락주의 표시
- 파란색 : 지시
- 녹색 : 안내－비상구 표시

003 산업재해 발생원인 중 직접 원인 : 불안전한 행동 또는 불안전한 상태

004 산업재해의 통상적인 분류 중 통계적 분류

① 사망 : 업무로 인해서 목숨을 잃게 되는 경우
② 중경상 : 부상으로 8일 이상의 노동 상실을 가져온 상해
③ 경상해 : 부상으로 1일 이상 7일 이하의 노동 상실을 가져온 상해 정도
④ 무상해 사고 : 응급처치 이하의 상처로 작업에 종사하면서 치료를 받는 상해 정도

005 산업재해를 예방하기 위한 재해예방 4원칙

① 손실 우연의 법칙
② 예방 가능의 원칙
③ 원인 계기의 원칙
④ 대책 선정의 원칙

006 작업장의 안전수칙

① 항상 청결하게 유지한다.
② 작업복과 안전장구는 반드시 착용한다.
③ 각종 기계를 불필요하게 공회전시키지 않는다.
④ 전원 콘센트 및 스위치 등에 물을 뿌리지 않는다.
⑤ 통로나 마룻바닥에 공구나 부품을 방치하지 않는다.
⑥ 기계의 청소나 손질은 운전을 정지시킨 후 한다.
⑦ 작업 중 부상은 즉시 응급조치를 하고 보고한다.
⑧ 작업대 사이, 또는 기계 사이의 통로는 안전을 위한 일정한 너비가 필요하다.

007 수공구 사용 시 유의사항

① 무리한 공구 취급을 금한다.
② 정 작업 시 보안경을 착용한다.
③ 수공구는 사용법을 숙지하여 사용한다.
④ 사용 전에 이상 유무를 반드시 확인한다.
⑤ 사용 후에는 정해진 장소에 보관한다.
⑥ 공구는 목적 이외의 용도로 사용하지 않는다.
⑦ 공구는 사용 전에 기름 등을 닦은 후 사용한다.
⑧ 수공구는 손에 잘 잡고 떨어지지 않게 작업한다.
⑨ 작업에 적합한 수공구를 선택하여 사용한다.

008 해머작업의 안전수칙

① 장갑을 끼고 해머작업을 하지 않는다.
② 기름 묻은 손으로 자루를 잡지 않는다.
③ 물건에 해머를 대고 몸의 위치를 정한다.
④ 공동으로 해머를 작업할 때는 호흡을 맞춘다.
⑤ 타격면이 마모되어 경사진 것은 사용하지 않는다.
⑥ 열처리된 재료는 해머로 때리지 않도록 주의한다.
⑦ 자루가 불안정한 것(쐐기가 없는 것 등)은 사용하지 않는다.
⑧ 녹이 있는 재료를 작업할 때는 보호안경을 착용한다.

장갑을 끼고 작업을 할 때 가장 위험한 작업 : 해머작업

009 스패너 사용 시 유의할 사항

① 스패너 사용 시 몸의 균형을 유지한다.
② 몸 쪽으로 당길 때 힘이 걸리도록 한다.
③ 녹이 슨 볼트나 너트는 녹을 제거하고 사용한다.
④ 스패너는 볼트, 너트의 규격에 맞는 것을 사용한다.
⑤ 너트에 스패너를 깊이 물리도록 하여 조금씩 앞으로 당기는 식으로 풀고 조인다.
⑥ 스패너 자루에 파이프를 이어서 사용하지 않는다.

010 복스렌치가 오픈렌치보다 많이 사용되는 이유

볼트, 너트 주위를 완전히 감싸게 되어 있어서 사용 중에 미끄러지지 않기 때문이다.

011 벨트 취급에 대한 안전사항

① 벨트는 적당한 장력을 유지하도록 한다.
② 고무벨트에는 기름이 묻지 않도록 한다.
③ 벨트의 이음쇠는 돌기가 없는 구조로 한다.
④ 벨트 교환 시 회전을 완전히 멈춘 상태에서 한다.
⑤ 벨트를 걸거나 벗길 때 기계를 정지한 상태에서 한다.
⑥ 벨트가 풀리에 감겨 돌아가는 부분은 커버나 덮개를 설치한다.

012 안전보호구 선택 시 유의사항

① 사용목적에 적합할 것
② 작업행동에 방해되지 않을 것
③ 사용방법이 간편하고 손질이 쉬울 것
④ 보호구 검정에 합격하고 보호성능이 보장될 것
⑤ 착용이 용이하고 크기 등 사용자에게 편리할 것

013 보안경을 사용하는 이유

① 유해 약물의 침입을 막기 위해
② 비산되는 칩에 의한 부상을 막기 위해
③ 유해 광선으로부터 눈을 보호하기 위해

반드시 보호안경을 끼고 작업해야 할 때	• 산소용접을 할 때 • 그라인더를 사용할 때 • 차체에서 변속기를 뗄 때
보안경을 착용해야 하는 작업	• 연삭작업 • 유해 광선이 있는 작업장 • 장비 밑에서 정비 작업을 할 때 • 전기용접 및 가스용접 작업을 할 때 • 철분, 모래 등이 날리는 작업을 할 때

014 작업복(작업복장)

작업복 착용 이유	재해로부터 작업자의 몸을 보호
작업복의 조건	• 몸에 맞고 동작이 편해야 한다. • 항상 깨끗한 상태로 입어야 한다. • 주머니가 적고 팔이나 발이 노출되지 않는 것, 주머니가 많지 않고 소매가 단정한 것이 좋다. • 옷소매 폭이 너무 넓지 않은 것이 좋고, 단추가 달린 것은 되도록 피한다. • 화기사용 작업에서 방염성 · 불연성의 것을 사용하도록 한다. • 상의 소매나 바지자락 끝부분이 안전하고 작업하기 편리하게 처리된 것을 선정한다.

015 방진 마스크 : 분진이 발생하는 작업장소에서 착용(먼지가 많은 장소에서 착용)

016 안전모

① 작업장에서 작업원의 안전을 위해 쓴다.
② 안전모의 상태를 점검하고 착용한다.
③ 안전모 착용으로 불안전한 상태를 제거한다.
④ 올바른 착용으로 안전도를 증가시킬 수 있다.

017 안전화 : 물체의 낙하, 충격, 날카로운 물체로 인한 위험으로부터 발 또는 발등을 보호하거나 감전이나 정전기의 대전을 방지하기 위한 보호구

018 안전장치의 종류

① 안전문　② 대형 후사경
③ 룸 미러　④ 후방접근 경보장치
⑤ 경광등　⑥ 형광테이프 부착
⑦ 포크 받침대　⑧ 주행연동 안전벨트

019 방호장치

기계와 기구를 사용하여 작업할 때 발생하는 위험이나 기타 작업에서 생길 수 있는 위험한 상황으로부터 작업자를 보호하기 위해 부착하는 장치

① 헤드가드 : 지게차 운전석 상부에 있는 지붕을 말하며 상부에서 낙하물이 떨어지더라도 충분히 견딜 수 있도록 견고해야 한다.
② 백레스트 : 포크 적재 화물이 마스트 뒤쪽으로 떨어지는 것을 방지해주는 장치이며 최대하중을 적재한 상태에서 마스트가 뒤쪽으로 기울더라도 파손되거나 변형되지 않아야 한다.

020 작업 시 일반 안전수칙

① 안전보호구 지급 착용　② 안전 보건표지 부착
③ 안전 보건교육 실시　④ 안전작업 절차 준수

021 지게차 주행 시 안전수칙

① 안전벨트를 착용한 후 주행한다.
② 중량물을 운반 중인 경우에는 반드시 제한속도를 유지한다.
③ 평탄하지 않은 땅, 경사로, 좁은 통로 등에서는 급주행, 급브레이크, 급선회를 하지 않는다.
④ 화물은 마스트를 뒤로 젖힌 상태에서 가능한 낮추고 운행한다.
⑤ 화물이 시야를 가릴 때는 후진하여 주행하거나 유도자를 배치한다.
⑥ 경사로를 올라가거나 내려갈 때는 적재물이 경사로의 위쪽을 향하도록 하여 주행하고, 경사로를 내려오는 경우 엔진 브레이크, 발 브레이크를 걸고 천천히 운전한다.
⑦ 화물을 불안정한 상태 혹은 편하중 상태로 옮겨서는 안 된다.
⑧ 후륜이 뜬 상태로 주행해서는 안 된다.
⑨ 포크 간격은 화물에 맞추어 조정한다.
⑩ 운전석에서 전방 눈높이 이하로 적재한다.
⑪ 모서리에서 회전할 때는 일단 정지 후 서행한다.
⑫ 선회하는 경우에는 후륜이 크게 회전하므로 천천히 선회한다.
⑬ 도로상을 주행하는 경우에는 파렛트, 스키드를 꽂거나 포크의 선단에 표식을 부착하여 주행한다.

022 지게차 하역작업 시 안전수칙

① 공동작업은 작업지휘자의 신호에 따른다.
② 허용적재 하중을 초과하는 화물의 적재는 금한다.
③ 화물 위에 사람이 탑승하지 않도록 한다.
④ 무너질 위험이 있는 물체는 반드시 묶는다.
⑤ 굴러갈 위험이 있는 물체는 고임목으로 고인다.
⑥ 가벼운 것은 위로, 무거운 것은 밑으로 적재한다.

023 지게차 주차 시 안전수칙

① 포크를 지면(바닥)에 완전히 내려놓는다.
② 기관(엔진)을 정지한 후 주차브레이크를 작동(결속)시킨다.
③ 포크의 선단이 지면에 닿도록 마스트를 전방으로 적절히 경사시킨다.
④ 전 · 후진 레버를 중립에 놓는다. 핸드 브레이크 레버를 당긴다.
⑤ 경사면에는 주차하지 않는다.

024 지게차의 사용금지

① 헤드가드가 없는 경우
② 백레스트가 없는 경우
③ 자동장치 및 조정장치의 기능에 이상이 있는 경우
④ 상 · 하역 장치 및 유압장치에 이상이 있는 경우
⑤ 차륜에 이상이 있는 경우
⑥ 방향지시기 및 경보장치 기능에 이상이 있는 경우

025 지게차 경사면에서의 안전작업

① 경사면을 따라 올라갈 때에는 포크의 선단 또는 파렛트의 아랫부분이 노면에 접촉되지 않는 범위에서 최대한 지면 가까이에 놓고 주행한다.
② 경사면을 내려갈 때에는 후진을 하고, 엔진 브레이크를 사용한다.
③ 지게차가 앞쪽으로 기울어진 상태에서 화물을 올려서는 안 된다.
④ 경사면을 내려갈 때는 변속레버를 중립상태에서 탄력을 이용하여 내려가서는 안 된다.
⑤ 경사면을 따라서 횡 방향으로 주행하지 않는다.
⑥ 경사면에서는 방향 전환을 하지 않는다.

026 위험요인에 대한 안전대책

① 지게차 작업 시 안전 통로 확보
② 지게차 안전장치 설치
③ 지게차 전용 작업 구간 내 보행자의 출입 금지
④ 작업 구역 내 장애물 제거
⑤ 안전표지판 설치 및 안전표지 부착
⑥ 사각지역에 반사경 설치
⑦ 운전자의 운전 시야 확보
⑧ 유자격자에 의한 지게차 운전
⑨ 포크 높이는 지면으로부터 20cm 올린 상태에서 주행

027 지게차 전도 재해예방

① 급선회, 급제동, 오작동 금지
② 지게차의 용량을 무시한 무리한 작업 지양
③ 연약지반에서의 작업 시 편하중에 주의
④ 연약지반에서의 작업 시 받침판 사용
⑤ 지게차보다 화물의 적재중량이 크지 않을 것

작업 전 점검

028 작업 전 장비 점검요소

① 팬벨트 장력 점검
② 공기청정기 점검
③ 그리스 주입 상태 점검
④ 후진 경보장치 점검
⑤ 룸 미러 점검
⑥ 전조등 점등 여부 점검
⑦ 후미등 점등 여부 점검

029 타이어의 역할

① 지게차의 하중을 지지한다.
② 지게차의 동력과 제동력을 전달한다.
③ 노면에서의 충격을 흡수한다.

030 타이어의 마모한계

① 차량분류에 따른 타이어의 마모한계
　㉠ 소형차 : 1.6mm
　㉡ 중형차 : 2.4mm
　㉢ 대형차 : 3.2mm
② 타이어 마모 한계 초과 시 발생하는 현상
　㉠ 제동력이 저하되어 제동거리가 길어진다.
　㉡ 우천 주행 시 도로와 타이어 사이의 물이 배수가 잘 되지 않아 수막현상이 발생한다.
　㉢ 도로의 작은 이물질에 의해서도 타이어 트레드에 상처가 발생하여 사고의 원인이 된다.

031 조향핸들이 한쪽으로 쏠리는 원인

① 허브 베어링의 과다 마멸
② 타이어의 공기 압력 불균일
③ 앞 액슬 축의 한쪽 스프링 파손
④ 앞바퀴 정렬 상태 및 쇼크 업소버의 불량
⑤ 뒤 액슬 축이 차량 중심선에 직각이 되지 않음

032 브레이크 제동 불량원인

① 브레이크 회로 내의 오일 누설 및 공기 혼입
② 라이닝에 기름, 물 등이 묻어 있을 때
③ 라이닝 또는 드럼의 과도한 편 마모
④ 라이닝과 드럼의 간극이 너무 큰 경우
⑤ 브레이크 페달의 자유간극이 너무 클 경우

033 유압오일의 주요기능

① 동력을 전달한다.
② 마찰열을 흡수한다.
③ 움직이는 기계요소의 마모를 방지한다.
④ 필요한 요소 사이를 밀봉한다.

034 MF축전지의 점검방법 : 점검창의 색깔로 확인

① 초록색 : 충전된 상태
② 검정색 : 방전된 상태(충전 필요)
③ 흰색 : 축전지 점검(축전지 교환)

035 시동(기동)전동기가 회전하지 않는 원인

① 시동 스위치 접촉 및 배선 불량일 때
② 계자코일이 손상되었을 때
③ 브러쉬가 정류자에 밀착이 안 될 때
④ 전기자 코일이 단선되었을 때

036 난기운전 : 작업 전 유압오일 온도를 상승시키는 것으로, 한랭 시 지게차 시동 후 바로 작업을 시작하면 유압기기의 갑작스러운 동작으로 인해 유압장치의 고장을 일으키므로 동절기 또는 한랭 시에는 필히 난기운전을 해야 한다.

작업 중 점검

037 적재화물에 따른 무게중심 판단 및 주의사항

① 운반물을 포크에 적재하고 주행하므로 차량 앞뒤의 안정도가 매우 중요하다.
② 마스트를 수직으로 한 상태에서 앞 차축에 생기는 적재화물과 차체의 무게에 의한 중심점 균형을 잘 판단해야 한다.
③ 화물 종류별 중량 및 밀도에 따라 인양 화물의 무게 중심점이 확인되어야 한다.
④ 화물의 무게는 차체무게를 초과할 수 없다.
⑤ 지게차는 카운터 밸런스 무게에 의해 안정된 상태를 유지할 수 있도록 제작된 장비로서 최대하중 이하로 적재해야 한다.
⑥ 지게차의 이상적인 적재 안전작업은 카운터 밸런스가 장착된 뒷부분이 들리지 않는 상태의 작업으로서 화물은 포크의 중심점 안쪽으로 적재하여 임계하중 모멘트 이내에서 작업하는 것이다.
⑦ 무게중심은 마스트 조절에 의한 화물의 높이에 따라서 변동되므로 주의해야 한다.

038 지게차의 운반 · 적재 · 하역작업

운반작업	• 운반 중 마스트를 뒤로 4도 가량 경사시켜서 운반한다. • 운전 중 포크를 지면에서 20~30cm 정도 유지한다. • 짐을 싣고 경사지에서 운반 시 화물을 위쪽으로 하고, 내려갈 때에는 저속 후진한다. • 운반하려고 하는 화물 가까이 가면 속도를 줄인다. • 탑재한 화물이 시야를 방해할 때에는 후진주행 하거나 보조자를 배치한다. • 지게차 주행속도는 10km/h를 초과할 수 없다. • 화물적재 상태에서 지상으로부터 30cm 이상 들어 올리거나 마스트가 수직이거나 앞으로 기울인 상태에서 주행하지 않는다. • 화물을 불안정한 상태 또는 편하중 상태로는 옮기지 않는다.
적재작업	• 화물을 올릴 때는 포크를 수평으로 한다. • 포크로 물건을 찌르거나 물건을 끌어서 올리지 않는다. • 화물을 올릴 때는 가속페달을 밟는 동시에 레버조작을 한다. • 적재 후 포크를 지면에 내려놓고 필히 화물 적재 상태의 이상 유무를 확인한 후 주행한다. • 적재할 화물의 앞에서 안전한 속도로 감속한다.
하역작업	• 리프트레버 사용 시 눈은 마스트를 주시한다. • 짐을 내릴 때 가속페달은 사용하지 않는다. • 짐을 내릴 때는 마스트를 앞으로 약 4도 정도 기울인다. • 파렛트에 실은 화물이 안정되게 실렸는지 확인한다. • 포크를 삽입하고자 하는 곳과 평행하게 한다. • 화물 앞에서 정지한 후 마스트가 수직이 되도록 기울여야 한다. • 파렛트 또는 스키드에서 포크를 빼낼 때에도 넣을 때와 같이 접촉 또는 비틀리지 않도록 조작한다. • 하역 시 포크를 완전히 올린 상태에서는 마스트 전후 작동을 거칠게 조작하지 않는다. • 하역하는 상태에서는 절대로 차에서 내리거나 이탈해서는 안 된다.

039 화물 운반 작업 시 유도자의 요건

① 안전한 위치에 있어야 한다.
② 작업자가 유도자를 확실히 볼 수 있어야 한다.
③ 신호 수단으로 손, 깃발, 호루라기 등을 이용한다.
④ 유도자는 지게차 및 적재한 화물을 확실하게 볼 수 있어야 한다.
⑤ 작업자에 대한 신호는 한 사람이 보내도록 한다. 단, 긴급 중지 신호일 때는 예외로 한다.

040 수신호 요건

① 수신호는 운전 작업자가 완전히 숙지해야 한다.
② 수신호는 명확하고 간결해야 한다.
③ 한 손 신호는 다른 쪽 손으로도 사용할 수 있어야 한다.

041 접촉사고 예방

① 매뉴얼에 명시된 안전경고 라벨 확인
② 작업자와 보행자 간의 안전거리 확보
③ 안전경고 표시

042 야간작업 시 주의사항

① 작업장은 충분한 조명시설이 되어 있어야 한다.
② 전조등, 후미등 그 밖의 조명시설이 고장 난 상태에서는 작업하지 않는다.
③ 야간에는 원근감이나 지면의 고저가 불명확하고 착각을 일으키기 쉬우므로 주변의 작업원이나 장애물에 주의하면서 안전한 속도로 운전한다.

작업 후 점검

043 작업 종료 후 점검사항

① 청소를 하고 더러움이 심하면 물로 씻는다.
② 점검은 정해진 항목에 따라 실시한다.
③ 각 회전부를 손질한 다음 급유와 주유를 한다.
④ 파이프나 실린더의 누유를 점검한다.
⑤ 연료, 윤활유, 냉각수를 충전해둔다.
⑥ 겨울에는 냉각수 전부를 빼 둔다. 다만, 부동액이 첨가될 경우에는 빼지 않아도 좋다.
⑦ 주행일지에 기록한다.

044 주기장 : 바닥이 평탄하여 건설기계를 주차하기에 적합한 곳을 말하는 것으로 진입로는 건설기계 및 수송용 트레일러의 통행이 가능해야 한다.

045 작업 후 연료 주입 순서

① 지게차를 지정된 안전한 장소에서만 주차한다.
② 변속기를 중립에 두고 포크를 지면까지 내린다.
③ 주차 브레이크를 채우고 엔진을 정지한다.
④ 필러 캡을 연다.
⑤ 연료탱크를 서서히 채운다.
⑥ 필러 캡을 닫고 연료가 넘쳤으면 닦아내고 흡수제로 깨끗이 정리한다.

046 작업 후 결로현상을 방지하기 위한 조치

동절기에는 수분이 응축되어 연료계통에 녹이 발생할 수 있고 응축된 수분이 동결되어 시동이 어려워질 수 있으므로 매일 운전이 끝난 후에는 연료를 보충하고 습기를 함유한 공기를 탱크에서 제거하여 응축이 안 되도록 한다.

[주의] 기온이 올라가면 연료가 팽창하여 넘칠 수 있으므로 탱크를 완전히 채워서도 안 된다.

047 외관점검 : 타이어 손상 상태, 휠 볼트, 너트 풀림 상태, 각종 오일류 누유 상태, 냉각수의 누수 상태를 점검한다.

건설기계관리법 및 도로교통법

048 건설기계사업 : 건설기계 대여업, 건설기계 매매업, 건설기계 정비업, 건설기계 해체 재활용업

049 건설기계 등록신청

등록신청을 받을 수 있는 자	건설기계소유자의 주소지 또는 건설기계의 사용본거지를 관할하는 특별시장 · 광역시장 · 특별자치시장 · 도지사 또는 특별자치도지사(시 · 도지사)
등록신청 기간	• 건설기계를 취득한 날부터 2월 이내(판매를 목적으로 수입된 건설기계는 판매한 날부터 2월 이내) • 전시 · 사변 기타 이에 준하는 국가비상 사태하에 있어서는 5일 이내
등록 시 첨부서류	• 건설기계의 출처를 증명하는 서류 : 건설기계 제작증(국내에서 제작한 건설기계), 수입면장 등 수입사실을 증명하는 서류(수입한 건설기계), 매수증서(행정기관으로부터 매수한 건설기계) • 건설기계의 소유자임을 증명하는 서류 • 건설기계제원표 • 보험 또는 공제의 가입을 증명하는 서류

050 건설기계 범위

건설기계명	범위
불도저	무한궤도 또는 타이어식인 것
굴착기	무한궤도 또는 타이어식으로 굴착장치를 가진 자체중량 1톤 이상인 것
로더	무한궤도 또는 타이어식으로 적재장치를 가진 자체중량 2톤 이상인 것(차체굴절식 조향장치가 있는 자체중량 4톤 미만인 것 제외)
지게차	타이어식으로 들어올림장치와 조종석을 가진 것(전동식으로 솔리드타이어를 부착한 것 중 도로가 아닌 장소에서 운행하는 것은 제외)
덤프트럭	적재용량 12톤 이상인 것(적재용량 12톤 이상 20톤 미만의 것으로 화물운송에 사용하기 위해 자동차관리법에 의한 자동차로 등록된 것 제외)
모터그레이더	정지장치를 가진 자주식인 것
노상안정기	노상안정장치를 가진 자주식인 것
콘크리트살포기	정리장치를 가진 것으로 원동기를 가진 것
콘크리트믹서트럭	혼합장치를 가진 자주식인 것(재료의 투입 · 배출을 위한 보조장치가 부착된 것 포함)
쇄석기	20kW 이상의 원동기를 가진 이동식인 것
공기압축기	공기배출량이 매분당 2.83m^3(매cm^2당 7kg 기준) 이상의 이동식인 것

❖ 위의 건설기계 외에 롤러, 스크레이퍼, 기중기, 콘크리트 뱃칭플랜트, 콘크리트피니셔, 콘크리프펌프, 아스팔트피니셔, 아스팔트믹싱플랜트, 아스팔트살포기, 골재살포기, 천공기, 항타 및 항발기, 자갈채취기, 준설선, 특수건설기계, 타워 크레인을 포함하여 총 27종이다.

051 미등록 건설기계의 임시운행 사유

① 등록신청을 하기 위하여 건설기계를 등록지로 운행하는 경우
② 신규등록검사 및 확인검사를 받기 위하여 건설기계를 검사장소로 운행하는 경우
③ 수출을 하기 위하여 건설기계를 선적지로 운행하는 경우
④ 판매 또는 전시를 위하여 건설기계를 일시적으로 운행하는 경우
⑤ 신개발 건설기계를 시험 · 연구의 목적으로 운행하는 경우
⑥ 수출을 하기 위하여 등록말소한 건설기계를 점검 · 정비의 목적으로 운행하는 경우

052 등록이전 신고를 하는 경우 : 건설기계 등록지(등록한 주소지)가 다른 시 · 도로 변경되었을 경우

053 건설기계 등록번호표

① 건설기계소유자에게 등록번호표 제작명령을 할 수 있는 기관의 장 : 시 · 도지사
② 건설기계등록지를 변경한 때 등록번호표를 시 · 도 지사에게 반납기간 : 10일 이내
③ 건설기계소유자가 등록번호표제작자에게 등록번호표 제작 등 신청기간 : 등록번호표 제작 통지서 또는 명령서를 받은 날부터 3일 이내

054 건설기계의 등록원부 보존기간

시 · 도지사는 건설기계의 등록을 말소한 날부터 10년간 보존

055 건설기계등록의 말소사유

① 그 소유자의 신청이나 시 · 도지사의 직권으로 등록말소
  ㉠ 건설기계가 천재지변 또는 이에 준하는 사고 등으로 사용할 수 없게 되거나 멸실된 경우
  ㉡ 건설기계 차대가 등록 시의 차대와 다른 경우
  ㉢ 건설기계가 건설기계안전기준에 적합하지 않게 된 경우
  ㉣ 건설기계를 수출하는 경우
  ㉤ 건설기계를 도난당한 경우
  ㉥ 구조적 제작결함 등으로 건설기계를 제작자 또는 판매자에게 반품한 경우
  ㉦ 건설기계를 교육 · 연구목적으로 사용하는 경우
  ㉧ 건설기계 해체 재활용업을 등록한 자에게 폐기를 요청한 경우
  ㉨ 건설기계를 횡령 또는 편취당한 경우
② 시 · 도지사의 직권으로 등록말소
  ㉠ 거짓이나 그 밖의 부정한 방법으로 등록을 한 경우
  ㉡ 건설기계를 폐기한 경우
  ㉢ 내구연한을 초과한 건설기계. 단 정밀진단을 받아 연장된 경우는 그 연장기간을 초과한 건설기계
  ㉣ 정기검사 명령, 수시검사 명령 또는 정비 명령에 따르지 아니한 경우

056 건설기계 기종별 기호표시

표시	기종	표시	기종
01	불도저	02	굴착기
03	로더	04	지게차
05	스크레이퍼	06	덤프트럭
07	기중기	08	모터그레이더
09	롤러	10	노상안정기

057 특별표지판을 부착해야 하는 건설기계

- 길이가 16.7미터를 초과하는 건설기계
- 너비가 2.5미터를 초과하는 건설기계
- 높이가 4.0미터를 초과하는 건설기계
- 최소회전반경이 12미터를 초과하는 건설기계
- 총중량이 40톤을 초과하는 건설기계
- 총중량 상태에서 축하중이 10톤을 초과하는 건설기계

058 덤프트럭, 콘크리트믹서트럭, 콘크리트펌프(트럭적재식), 아스팔트살포기, 국토교통부장관이 정하는 특수건설기계인 트럭지게차를 해당 건설기계가 위치한 장소에서 검사할 수 있는 경우

① 도서지역에 있는 경우
② 자체중량이 40t을 초과하거나 축하중이 10t을 초과하는 경우
③ 너비가 2.5m를 초과하는 경우
④ 최고속도가 시간당 35km 미만인 경우

059 건설기계 검사의 연기 사유

천재지변, 건설기계의 도난, 사고발생, 압류, 31일 이상에 걸친 정비 그 밖의 부득이한 사유로 검사신청 기간 내에 검사를 신청할 수 없는 경우 ⇒ 6개월 이내

구분	연장받을 수 있는 기간
해외 임대를 위하여 일시 반출된 경우	반출기간 이내
압류된 건설기계의 경우	압류기간 이내
건설기계대여업을 휴업(휴지)한 경우	휴지기간 이내

060 건설기계검사의 종류 : 신규등록검사, 정기검사, 구조변경검사, 수시검사

061 정기검사에 불합격한 건설기계의 정비명령 기간 : 1개월(31일) 이내

062 건설기계조종사의 적성검사 기준

① 두 눈을 동시에 뜨고 잰 시력(교정시력 포함)이 0.7 이상, 두 눈의 시력이 각각 0.3 이상일 것
② 시각은 150도 이상일 것
③ 언어분별력이 80% 이상일 것
④ 55데시벨의 소리를 들을 수 있을 것(보청기 사용자는 40데시벨)
⑤ 정신질환자 또는 뇌전증환자, 앞을 보지 못하는 사람 · 듣지 못하는 사람 · 그 밖에 국토교통부령으로 정하는 장애인, 마약 · 대마 · 향정신성의약품 또는 알코올중독자가 아닐 것

063 정기검사 유효기간

기종	연식	검사유효기간
타워크레인	–	6개월
• 굴착기(타이어식) • 기중기 • 아스팔트살포기 • 천공기 • 항타 및 항발기	–	1년
• 덤프트럭 • 콘크리트 믹서트럭 • 콘크리트펌프(트럭적재식)	20년 이하	1년
	20년 초과	6개월
• 로더(타이어식) • 지게차(1톤 이상) • 모터그레이더	20년 이하	2년
	20년 초과	1년

정기검사 신청기간 : 건설기계의 정기검사 유효기간 만료일 전후 31일 이내

064 건설기계정비업의 사업범위

종합건설기계정비업, 부분건설기계정비업, 전문건설기계정비업

065 도로교통법에 따른 제1종 대형 운전면허를 받아야 하는 사람 : 덤프트럭, 아스팔트살포기, 노상안정기, 콘크리트믹서트럭, 콘크리트펌프, 천공기(트럭적재식)와 특수건설기계 중 국토교통부장관이 지정하는 건설기계를 조종하려는 사람

066 건설기계조종사 면허증의 반납 사유

① 면허가 취소된 때
② 면허의 효력이 정지된 때
③ 면허증의 재교부를 받은 후 잃어버린 면허증을 발견한 때

건설기계조종사면허가 취소된 경우 면허증 반납기간 : 그 사유가 발생한 날부터 10일 이내

067 건설기계조종사면허의 결격사유

① 18세 미만인 사람
② 건설기계 조종상의 위험과 장해를 일으킬 수 있는 정신질환자 또는 뇌전증환자로서 국토교통부령으로 정하는 사람
③ 앞을 보지 못하는 사람, 듣지 못하는 사람, 그 밖에 국토교통부령으로 정하는 장애인
④ 건설기계 조종상의 위험과 장해를 일으킬 수 있는 마약 · 대마 · 향정신성의약품 또는 알코올중독자로서 국토교통부령으로 정하는 사람
⑤ 건설기계조종사 면허가 취소된 날부터 1년이 지나지 않았거나 건설기계조종사 면허의 효력정지처분 기간 중에 있는 사람

068 건설기계조종사면허의 취소 사유

① 거짓이나 그 밖의 부정한 방법으로 건설기계조종사 면허를 받은 경우
② 건설기계조종사 면허의 효력정지기간 중 건설기계를 조종한 경우
③ 정기적성검사를 받지 않고 1년이 지난 경우
④ 정기적성검사 또는 수시적성검사에서 불합격한 경우

069 건설기계조종사면허의 취소 또는 1년 이내의 면허효력 정지 사유

① 정신질환자 또는 뇌전증환자, 앞을 보지 못하는 사람 · 듣지 못하는 사람 · 그 밖에 국토교통부령으로 정하는 장애인, 마약 · 대마 · 향정신성의약품 또는 알코올중독자
② 건설기계의 조종 중 고의 또는 과실로 중대한 사고를 일으킨 경우
③ 건설기계조종사면허증을 다른 사람에게 빌려준 경우
④ 건설기계조종사의 준수사항을 위반하여 술에 취하거나 마약 등 약물을 투여한 상태에서 조종한 경우
⑤ 과로 질병의 영향이나 그 밖의 사유로 정상적으로 조종하지 못할 우려가 있는 상태에서 조종한 경우
⑥ 국가기술자격법에 따른 해당 분야의 기술자격이 취소되거나 정지된 경우

070 건설기계의 조종 중 고의 또는 과실로 중대한 사고를 일으킨 경우 처분기준

위반사항		처분기준
인명피해	고의로 인명피해(사망, 중상, 경상 등을 말함)를 입힌 경우	취소
	과실로 중대재해가 발생한 경우	취소
	사망 1명마다	면허효력정지 45일
	중상 1명마다	면허효력정지 15일
	경상 1명마다	면허효력정지 5일
재산피해	피해금액 50만 원마다	면허효력정지 1일(90일을 넘지 못함)
건설기계의 조종 중 고의 또는 과실로 가스공급시설을 손괴하거나 가스공급시설의 기능에 장애를 입혀 가스 공급을 방해한 경우		면허효력정지 180일

071 건설기계관리법상 1년 이하 징역 또는 1천만 원 이하 벌금

① 정비명령을 이행하지 아니한 자
② 건설기계조종사면허를 받지 아니하고 건설기계를 조종한 자
③ 건설기계조종사면허가 취소된 상태로 건설기계를 계속하여 조종한 자
④ 건설기계의 소유자가 건설기계를 도로나 타인의 토지에 버려둔 자

072 차량신호등의 의미

신호의 종류	신호의 뜻
녹색의 등화	• 차마는 직진 또는 우회전할 수 있음 • 비보호좌회전표지 또는 비보호좌회전표시가 있는 곳에서는 좌회전할 수 있음
황색의 등화	• 차마는 정지선이 있거나 횡단보도가 있을 때에는 그 직전이나 교차로의 직전에 정지해야 함 • 이미 교차로에 차마의 일부라도 진입한 경우에는 신속히 교차로 밖으로 진행해야 함 • 차마는 우회전할 수 있음
적색의 등화	• 차마는 정지선, 횡단보도 및 교차로의 직전에서 정지해야 함 • 직전에 정지한 후 신호에 따라 진행하는 다른 차마의 교통을 방해하지 않고 우회전할 수 있음

073 교통안전표지의 종류 : 주의표지, 규제표지, 지시표지, 보조표지, 노면표시

074 올바른 정차방법 : 모든 차의 운전자는 도로에서 정차할 때에는 차도의 오른쪽 가장자리에 정차

075 야간에 차가 서로 마주보고 진행하는 경우의 등화조작 : 전조등 불빛을 하향으로 한다.

076 비 · 안개 · 눈 등으로 인한 악천후 시의 감속 운행

도로의 상태	운행속도
• 비가 내려 노면이 젖어 있는 경우 • 눈이 20mm 미만 쌓인 경우	최고속도의 100분의 20을 줄인 속도로 운행
• 폭우, 폭설, 안개 등으로 가시거리가 100m 이내인 경우 • 노면이 얼어붙은 경우 • 눈이 20mm 이상 쌓인 경우	최고속도의 100분의 50을 줄인 속도로 운행

077 정차 및 주차 금지장소

① 횡단보도, 교차로, 건널목이나 보도와 차도가 구분된 도로의 보도
② 교차로의 가장자리나 도로의 모퉁이로부터 5m 이내인 곳
③ 건널목의 가장자리 또는 횡단보도로부터 10m 이내인 곳
④ 안전지대가 설치된 도로에서는 그 안전지대의 사방으로부터 각각 10m 이내인 곳
⑤ 버스여객자동차의 정류지임을 표시하는 기둥이나 표지판 또는 선이 설치된 곳으로부터 10m 이내인 곳
⑥ 소방용수시설 또는 비상소화장치가 설치된 곳으로부터 5m 이내인 곳
⑦ 소화설비, 경보설비, 피난구조설비, 소화용수설비, 그 밖에 소화활동설비로서 대통령령으로 정하는 시설이 설치된 곳으로부터 5m 이내인 곳
⑧ 시 · 도경찰청장이 도로에서의 위험을 방지하고 교통의 안전과 원활한 소통을 확보하기 위하여 필요하다고 인정하여 지정한 곳

078 주차금지 장소

① 터널 안 및 다리 위
② 도로공사 중인 경우 공사구역의 양쪽 가장자리로부터 5m 이내의 곳
③ 다중이용업소의 영업장이 속한 건축물로 소방본부장의 요청에 의하여 시 · 도경찰청장이 지정한 곳으로부터 5m 이내의 곳
④ 시 · 도경찰청장이 필요하다고 인정하여 지정한 곳

079 건설기계의 통행 차로

고속도로 외의 도로	편도 4차선	편도 3차선
	3, 4차로	3차로
고속도로	1차로를 제외한 오른쪽 차로	

080 가장 우선하는 신호 : 경찰공무원의 수신호

도로를 통행하는 차마의 운전자는 교통안전시설이 표시하는 신호 또는 지시와 교통정리를 하는 경찰공무원 등의 신호 또는 지시가 서로 다른 경우에는 경찰공무원 등의 신호 또는 지시에 따라야 한다.

081 앞지르기 금지장소

① 교차로 ② 터널 안 ③ 다리 위
④ 도로의 구부러진 곳, 비탈길의 고갯마루 부근 또는 가파른 비탈길의 내리막 등 시 · 도경찰청장이 안전표지로 지정한 곳

082 교차로 통행방법

① 교차로에서는 정차하지 못한다.
② 교차로에서는 다른 차를 앞지르지 못한다.
③ 교차로에서 우회전할 때에는 서행해야 한다.
④ 좌회전할 때에는 교차로 중심 안쪽으로 서행한다.
⑤ 좌우회전 시에는 방향지시기 등으로 신호해야 한다.
⑥ 교차로에서 직진하려는 차는 이미 교차로에 진입하여 좌회전하고 있는 차의 진로를 방해할 수 없다.

083 철길건널목 통과방법

① 철길건널목을 통과할 때에는 건널목 앞에서 일시 정지하여 안전한지 확인한 후에 통과해야 한다.
② 철길건널목에서는 앞지르기를 해서는 안 된다.
③ 철길건널목 부근에서는 주 · 정차를 해서는 안 된다.

084 밤에 도로에서 차를 운행하는 경우의 등화

자동차	전조등, 차폭등, 미등, 번호등과 실내조명등
견인되는 차	미등 · 차폭등 및 번호등
원동기장치자전거	전조등 및 미등

085 술에 취한 상태의 기준 : 혈중알코올농도 0.03% 이상일 때

응급대처

086 소화의 원리

① 제거소화 : 가연물의 공급을 중단하여 소화하는 방법
② 질식소화 : 연소에 필요한 산소농도 이하가 되도록 산소(공기)를 차단하여 소화하는 방법
③ 냉각소화 : 물 등 액체의 증발 잠열을 이용하여 발화점 이하로 낮추어 소화하는 방법
④ 억제소화 : 가연물 분자가 산화됨으로써 연소되는 과정을 억제하여 소화하는 방법

087 화재의 분류 및 소화방법

분류	의미	소화방법
A급	목재, 종이, 석탄 등 재를 남기는 일반 가연물의 화재	포말소화기 사용
B급	가연성 액체, 유류 등 연소 후에 재가 거의 없는 화재 (유류화재)	• 분말소화기 사용 • 모래를 뿌린다. • ABC소화기 사용
C급	전기화재	이산화탄소소화기 사용
D급	마그네슘, 티타늄, 지르코늄, 나트륨, 칼륨 등의 가연성 금속화재	건조사를 이용한 질식효과로 소화

화재 시 연소의 주요 3요소 : 가연물, 점화원, 산소

088 지게차 전복 시 생존율 향상방법

① 항상 운전자 안전장치를 사용한다.
② 뛰어내리지 않는다.
③ 핸들을 꽉 잡는다.
④ 발을 힘껏 벌린다.
⑤ 상체를 전복되는 반대 방향으로 기울인다.
⑥ 머리와 몸을 앞쪽으로 기울인다.

089 교통사고 시 2차사고 예방을 위한 조치

① 차량의 응급상황을 알리는 삼각대 비치
② 소화기 및 비상용 망치, 손전등 구비
③ 사고 표시용 스프레이 구비로 사고 시 현장 보존

장비구조

090 엔진 : 열에너지를 기계적 에너지로 변환시켜 주는 장치

091 디젤기관의 특징

① 전기 점화장치가 없어 고장률이 적다.
② 연료 소비율이 적고, 열효율이 높다.
③ 소음과 진동이 크고, 마력당 무게가 무겁다.
④ 연료의 인화점이 높아서 화재 위험성이 적다.

직접 분사실식 디젤기관의 장점 : 냉각 손실이 적다, 연료소비량이 적다, 구조가 간단하여 열효율이 높다, 실린더 헤드의 구조가 간단하다.

092 4행정 사이클 기관의 행정순서

흡입 → 압축 → 동력 → 배기

기관에서 피스톤의 행정 : (왕복형 엔진에서) 상사점과 하사점까지의 거리

093 디젤기관의 출력을 저하시키는 직접적인 원인

① 노킹이 일어날 때
② 연료 분사량이 적을 때
③ 실린더 내 압력이 낮을 때

094 디젤기관에서 압축압력이 저하되는 큰 원인 : 피스톤링의 마모, 실린더 벽이 규정보다 많이 마모됨

기관에서 엔진오일이 연소실로 올라오는 이유(엔진의 윤활유 소비량이 과다해지는 가장 큰 원인) : 피스톤링 마모(마멸)

095 디젤기관이 시동되지 않는 원인

① 연료가 부족하다.
② 연료공급펌프가 불량이다.
③ 연료계통에 공기가 들어(혼입되어) 있다.
④ 배터리 방전으로 교체가 필요한 상태이다.

096 디젤기관의 시동을 용이하게 하기 위한 방법

① 압축비를 높인다.
② 예열장치를 사용한다.
③ 흡기온도를 상승시킨다.

디젤기관에서 연료가 정상적으로 공급되지 않아 시동이 꺼지는 현상이 발생되는 원인 : 연료파이프 손상, 연료필터 막힘, 연료탱크 내 오물 과다

097 기관이 과열되는 원인

① 냉각수 부족
② 무리한 부하운전
③ (물펌프) 팬벨트의 느슨함
④ 물펌프 작동 불량
⑤ 라디에이터의 코어 막힘
⑥ 물재킷 내의 물때(스케일) 형성

098 실린더 헤드 개스킷에 대한 구비조건

① 강도가 적당할 것
② 기밀 유지가 좋을 것
③ 내열성과 내압성이 있을 것

실린더 헤드 개스킷이 손상되었을 때 일어나는 현상
- 압축압력과 폭발압력이 낮아진다.
- 기관에서 냉각계통으로 배기가스가 누설된다.

099 기관의 피스톤이 고착되는 원인

① 기관이 과열되었을 때 ② 피스톤 간극이 작을 때
③ 기관오일이 부족했을 때 ④ 냉각수 양이 부족했을 때

100 피스톤과 실린더 벽 사이 간극이 클 때 미치는 영향

① 블로우바이에 의해 압축압력이 낮아진다.
② 피스톤 슬랩현상이 발생하며 기관출력이 저하된다.
③ 피스톤링 기능 저하로 오일이 연소실에 유입되어 오일 소비가 많아진다. –윤활유 소비량 증대

101 기관에서 크랭크축의 역할 : 직선운동을 회전운동으로 변환시키는 장치

102 피스톤링

① 압축가스가 새는 것을 막아 준다.
② 엔진오일을 실린더 벽에서 긁어내린다.
③ 실린더헤드 쪽에 있는 것이 압축링이다.
④ 피스톤이 받는 열의 대부분을 실린더 벽에 전달한다.
⑤ 압축과 팽창가스 압력에 대해 연소실의 기밀을 유지한다.
⑥ 피스톤링의 마멸로 엔진오일의 소모가 증대된다.

피스톤링의 작용 : 기밀작용, 오일 제거작용, 열전도 작용

103 유압식 밸브 리프터의 장점

① 밸브 기구의 내구성이 좋다.
② 밸브 개폐 시기가 정확하다.
③ 밸브 간극은 자동으로 조절된다.

104 디젤기관에서 조속기의 기능(역할) : 연료 분사량 조정

105 노킹 발생 시 디젤기관에 미치는 영향

① 기관이 과열된다.
② 연소실 온도가 상승한다.
③ 기관의 흡기 효율이 저하된다.
④ 엔진에 손상이 발생할 수 있다.
⑤ 기관의 출력이 저하된다.

106 디젤기관의 노크 방지 방법

① 압축비를 높게 한다.
② 흡기압력을 높게 한다.
③ 연소실 벽 온도를 높게 유지한다.
④ 착화기간 중의 분사량을 적게 한다.
⑤ 착화성이 좋은 연료를 사용한다.
⑥ 착화지연 시간을 짧게 한다.

107 디젤기관 연료장치의 구성품 : 분사노즐, 연료공급펌프, 연료여과기(연료필터), 연료탱크, 연료분사펌프

연료장치의 구성품
- 분사노즐 : 연료를 고압으로 연소실에 분사
- 연료공급펌프 : 연료탱크 연료를 분사펌프 저압부까지 공급
- 연료분사펌프 : 연료의 압력을 높임(조속기와 분사기를 조절하는 장치가 설치되어 있음)

108 디젤기관에서 연료장치 공기빼기 순서

공급펌프 → 연료여과기 → 분사펌프

109 연료탱크에서 분사노즐까지 연료의 순환 순서

연료탱크 → 연료공급펌프 → 연료필터 → 분사펌프 → 분사노즐

110 프라이밍펌프 사용 : 연료계통에 공기를 배출할 때

프라이밍펌프(priming pump) : 기관의 연료분사펌프에 연료를 보내거나 공기빼기작업을 할 때 필요한 장치

111 디젤기관에서 발생하는 진동 원인

분사시기의 불균형, 분사량의 불균형, 분사압력의 불균형

112 디젤기관에서 부조 발생의 원인

거버너 작용 불량, 분사시기 조정 불량, 연료의 압송 불량

운전 중 엔진부조를 하다가 시동 꺼진 원인 : 연료필터 막힘, 연료에 물 혼입, 분사노즐이 막힘, 연료파이프 연결 불량, 탱크 내에 오물이 연료장치에 유입

113 디젤엔진의 연소실에 연료가 공급되는 상태

노즐로 연료를 안개와 같이 분사한다.

114 부동액의 구비조건

부식성 없을 것, 물과 쉽게 혼합될 것, 침전물 발생 없을 것, 팽창계수가 작을 것, 휘발성이 없고 순환이 잘될 것, 비등점은 물보다 높고 응고점은 물보다 낮을 것

부동액에 사용되는 종류 : 글리세린, 메탄올, 에틸렌글리콜

115 예열플러그

① 기관에서 예열플러그 사용시기 : 냉각수 양이 많을 때
② 고장이 발생하는 경우 : 엔진이 과열되었을 때, 예열시간이 길었을 때, 정격이 아닌 예열플러그를 사용했을 때, 엔진 가동 중에 예열시킬 때, 예열플러그 설치 시 조임 불량일 때

예열장치 : 디젤기관에 흡입된 공기온도를 상승시켜 시동을 원활하게 하는 장치(동절기에 주로 사용)

116 압력식 라디에이터 캡

① 사용 목적 : 냉각수의 비점을 높임
② 냉각장치 내부압력이 부압되면 진공밸브가 열림
③ 압력식 캡 : 기관의 냉각장치에서 냉각수 비등점을 올리기 위한 장치
④ 라디에이터 캡을 열였을 때 냉각수에 오일이 섞여 있는 경우의 원인 : 수랭식 오일쿨러의 파손

라디에이터 캡의 스프링이 파손되었을 때 가장 먼저 나타나는 현상 : 냉각수 비등점이 낮아진다.

117 라디에이터의 구비조건

① 공기흐름저항이 적을 것
② 단위면적당 방열량이 클 것
③ 가볍고 작으며 강도가 클 것
④ 냉각수의 흐름저항이 적을 것

118 기관 작동 중 라디에이터 캡 쪽으로 물이 상승하면서 연소가스가 누출될 때의 원인 : 실린더 헤드의 균열

119 수온조절기의 설치 위치 : 기관에서 냉각수의 온도에 따라 냉각수 통로를 개폐하는 수온조절기가 설치되는 곳은 실린더 헤드 물재킷의 출구부이다.

120 팬벨트에 대한 점검 과정

① 팬벨트의 조정은 발전기를 움직이면서 조정한다.
② 팬벨트가 너무 헐거우면 기관 과열의 원인이 된다.

팬벨트의 장력 점검 방법 : 정지된 상태에서 벨트의 중심을 엄지손가락으로 눌러서 점검

121 팬벨트 장력

① 장력이 약할 때 : 발전기 출력이 저하될 수 있다.
② 장력이 강할 때 : 발전기 베어링이 손상된다.

122 오일펌프에서 펌프양이 적거나 유압이 낮은 원인

① 기어와 펌프 내벽 사이 간격이 클 때
② 펌프 흡입라인(여과망) 막힘이 있을 때
③ 기어 옆 부분과 펌프 내벽 사이 간격이 클 때

123 오일여과기

① 윤활장치에서 오일여과기 역할 : 오일에 포함된 불순물 제거작용
② 여과기가 막히면 유압이 높아진다.
③ 작업조건이 나쁘면 교환시기를 빨리 한다.
④ 여과능력이 불량하면 부품의 마모가 빠르다.

124 엔진오일(윤활유)

엔진오일 작용	냉각작용, 응력분산작용, 방청작용, 마찰감소, 마멸방지, 밀봉작용, 윤활작용, 기밀작용
엔진오일 구비조건	• 비중과 점도가 적당할 것 • 인화점과 발화점이 높을 것 • 기포 발생과 카본 생성에 대한 저항력이 클 것 • 응고점이 낮을 것 • 강인한 오일막을 형성할 것
엔진오일이 많이 소비되는 원인	• 실린더의 마모가 심할 때 • 피스톤링의 마모가 심할 때 • 밸브 가이드의 마모가 심할 때

엔진오일 여과방식	전류식, 분류식, 샨트식
첨가제 사용 목적	• 산화를 방지한다. • 유성을 향상시킨다. • 점도지수를 향상시킨다.
색깔	• 검은색 : 심하게 오염된 상태, 교환 • 우유색 : 냉각수 유입 • 붉은색 : 가솔린 유입

엔진오일의 점도지수와 온도변화에 따른 점도변화
- 점도지수가 작은 경우 온도에 따른 점도변화가 크다.
- 점도지수가 큰 경우 온도에 따른 점도변화가 작다.

125 과급기(Turbo Charger)

과급기는 실린더 내의 흡입 공기량(흡입공기의 밀도)을 증가시킨다.

과급기를 부착하였을 때의 이점	• 회전력이 증가한다. • 기관 출력이 향상된다. • 고지대에서도 출력의 감소가 적다.
터보차저의 기능	실린더 내에 공기를 압축 공급하는 장치

126 디젤기관에 사용되는 공기청정기

공기청정기 설치목적	공기의 여과와 소음 방지
공기청정기가 막혔을 때 현상	• 출력이 감소한다. • 연소가 나빠진다. • 배기색이 흑색이 된다.
공기청정기 통기저항	• 저항이 적어야 한다. • 기관 출력과 연료 소비에 영향을 준다.
건식 공기청정기	• 설치 또는 분해조립이 간단하다. • 작은 입자의 먼지나 오물을 여과할 수 있다. • 기관 회전속도의 변동에도 안정된 공기 청정 효율을 얻을 수 있다.

127 운전 중인 기관의 에어클리너가 막혔을 때 나타나는 현상

배출가스 색은 검고, 출력은 저하된다.

128 흡 · 배기 밸브의 구비조건

① 열전도율이 좋을 것
② 열에 대한 팽창률이 적을 것
③ 가스에 견디고 고온에 잘 견딜 것

129 전류

① 전류의 크기를 측정하는 단위 : A
② 전류의 3대 작용 : 발열작용, 화학작용, 자기작용

축전지의 충방전 작용 : 화학작용

130 축전지의 용량을 결정짓는 인자 : 극판의 크기, (셀당) 극판의 수, 황산(전해액)의 양

131 납산축전지가 방전되어 급속 충전할 때 주의사항

① 통풍이 잘되는 곳에서 한다.
② 충전 시간은 가능한 짧게 한다.
③ 충전 중 가스가 많이 발생하면 충전을 중단한다.
④ 충전 중인 축전지에 충격을 가하지 않도록 한다.
⑤ 충전 중 전해액의 온도가 45℃가 넘지 않도록 한다.

납산축전지를 오랫동안 방전상태로 두면 사용하지 못하게 되는 원인 : 극판이 영구 황산납이 되기 때문

132 축전지 터미널의 식별법

① (+), (−)의 표시로 구분
② 굵고 가는 것으로 구분
③ 적색, 흑색과 같이 색으로 구분

133 축전지

① 축전지를 병렬로 연결했을 때 전류가 증가
② 축전지 2개를 직렬로 연결했을 때 전압이 증가
③ 축전지의 방전이 거듭될수록 전압이 낮아지고 전해액의 비중도 낮아짐
④ 축전지가 충전되지 않는 원인 : 레귤레이터가 고장일 때
⑤ 축전지의 케이스와 커버를 청소할 때 사용하는 용액 : 소다와 물

축전지의 자기방전량
- 날짜가 경과할수록 자기방전량은 많아진다.
- 전해액의 비중이 높을수록 자기방전량은 크다.
- 충전 후 시간의 경과에 따라 자기방전량의 비율은 점차 낮아진다.

134 기동전동기는 회전되나 엔진은 크랭킹이 되지 않는 원인

플라이휠 링기어의 소손

135 교류발전기(AC)의 특징

① 소형 경량이다.
② 브러시 수명이 길다.
③ 전압조정기만 필요하다.
④ 저속 발전 성능이 좋다.
⑤ 출력이 크고 고속회전에 잘 견딘다.
⑥ 스테이터는 고정되어 있고 로터가 회전한다.
⑦ 반도체 정류기를 사용하므로 전기적 용량이 크다.
⑧ 컷 아웃 릴레이 및 전류제한기를 필요로 하지 않는다.

교류발전기의 주요 부품 : 스테이터 코일, 로터, 브러시

136 다이오드 : 교류발전기에서 교류를 직류로 바꾸어 준다(교류를 정류하고 역류를 방지).

137 운전 중 계기판에 충전경고등이 점등되었을 때 현상 : 충전이 되지 않고 있음을 나타냄

138 한쪽 방향지시등만 점멸 속도가 빠른 원인

한쪽 램프의 단선 → 방향지시등의 한쪽 등이 빠르게 점멸하고 있을 때 전구(램프)를 가장 먼저 점검해야 한다.

139 엔진오일 경고등이 점등되었을 때 원인

오일이 부족할 때, 오일필터나 오일회로가 막혔을 때, 오일 드레인 플러그가 열렸을 때, 윤활계통이 막혔을 때

140 실드빔식 전조등

① 렌즈와 반사경, 필라멘트가 일체로 된 형식이다.
② 내부에 불활성가스가 들어 있다.
③ 사용에 따른 광도의 변화가 적다.
④ 대기조건에 따라 반사경이 흐려지지 않는다.
⑤ 렌즈나 필라멘트를 교환하는 것이 불가능하다.

141 클러치

① 클러치 스프링의 장력이 약하면 일어날 수 있는 현상 : 클러치가 미끄러짐
② 클러치가 미끄러질 때의 영향 : 속도 감소, 견인력 감소, 연료 소비량 증가
③ 기계식 변속기의 클러치에서 릴리스 베어링과 릴리스 레버가 분리되어 있을 때 : 클러치가 연결되어 있을 때
④ 클러치의 필요성 : 관성운동을 하기 위해, 기어 변속 시 기관의 동력을 차단하기 위해, 기관 시동 시 기관을 무부하 상태로 하기 위해

142 클러치 라이닝의 구비조건

① 내식성이 클 것
② 알맞은 마찰계수를 갖출 것
③ 온도에 의한 변화가 적을 것

143 수동변속기가 설치된 건설기계에서 클러치가 미끄러지는 원인

① 압력판의 마멸
② 클러치 페달의 자유간극 없음
③ 클러치 판(디스크)에 오일 부착

144 차동기어장치

① 선회할 때 바깥쪽 바퀴의 회전속도를 증대시킨다.
② 선회할 때 좌 · 우 구동바퀴의 회전속도를 다르게 한다.
③ 보통 차동기어장치는 노면의 저항을 적게 받는 구동바퀴의 회전속도를 빠르게 한다.

145 토크 컨버터의 구성품 : 터빈, 스테이터, 펌프

스테이터의 기능 : 토크 컨버터의 오일 흐름 방향을 바꿔 회전력을 증대시킴

146 기계식 변속기가 설치된 건설기계에서 클러치 판의 비틀림 코일 스프링의 역할 : 클러치 작동 시 충격을 흡수함

147 변속기의 필요조건(구비조건)

① 소형 경량이고 내구성이 있을 것
② 조작이 쉽고 취급이 용이할 것
③ 신속하고 확실하며 정숙하게 조작될 것
④ 적절한 변속비로 단계 없이 연속적으로 변속될 것
⑤ 동력전달효율이 좋을 것

148 브레이크 장치의 베이퍼 록 발생 원인

① 오일의 변질에 의한 비등점 저하
② 드럼과 라이닝의 끌림에 의한 가열
③ 긴 내리막길에서 과도한 브레이크 사용
④ 불량오일 사용
⑤ 마스터 실린더 · 브레이크 슈 리턴 스프링 손상에 의한 잔압 저하

공기 브레이크에서 브레이크 슈를 직접 작동시키는 것 : 캠

149 페이드 현상

브레이크를 연속적으로 자주 사용함으로서 드럼과 라이닝 사이에 마찰열이 축적되고 그로 인해 제동력이 감소되는 현상

150 동력조향장치의 장점

① 조향핸들의 시미현상을 줄일 수 있다.
② 작은 조작력으로 조향조작이 가능하다.
③ 설계 · 제작 시 조향기어비를 조작력에 관계없이 선정할 수 있다.

151 타이어식 건설기계의 휠 얼라이먼트에서 토인의 필요성

① 타이어의 이상 마멸을 방지한다.
② 조향바퀴를 평행하게 회전시킨다.
③ 바퀴가 옆 방향으로 미끄러지는 것을 방지한다.

152 조향핸들의 유격이 커지는 원인

① 피트먼 암의 헐거움
② 조향바퀴 베어링 마모
③ 타이로드 엔드 볼 조인트 마모

조향핸들의 조작이 무거운 원인 : 유압유 부족 시, 앞바퀴 휠 얼라이먼트 조절 불량 시, 유압 계통 내의 공기 혼입 시

153 리코일 스프링의 역할 : 주행 중 트랙 전면에서 오는 충격을 완화하여 차체 파손을 방지하고 운전을 원활하게 해 주는 것

154 앞바퀴 정렬의 역할

① 방향 안정성을 준다.
② 타이어 마모를 최소로 한다.
③ 조향핸들의 조작을 작은 힘으로 쉽게 할 수 있다.

155 무한궤도식 건설기계에서 트랙이 벗겨지는 주 원인

① 트랙이 너무 이완되었을 때
② 유격(긴도)이 규정보다 클 때
③ 트랙의 중심 정열이 맞지 않았을 때

④ 트랙의 상 · 하부 롤러가 마모되었을 때

무한궤도식 건설기계에서 트랙의 구성품 : 핀, 부싱, 링크, 슈

156 트랙 장력

① 하부 롤러, 링크 등 트랙 부품이 조기 마모되는 원인 : 트랙 장력이 너무 팽팽했을 때
② 무한궤도식 주행장치에서 스프로킷의 이상 마모를 방지하기 위해 트랙의 장력을 조정한다.

157 지게차의 조향방식 : 뒷바퀴 조향방식

지게차의 조향장치 원리 : 애커먼 장토식

158 지게차 조종레버

전후진레버	전진(앞으로 밂), 후진(뒤로 당김)
리프트레버	포크의 하강(앞으로 밂), 상승(당김)
틸트레버	마스트 앞으로 기울임(앞으로 밂) 마스트 뒤로 기울어짐(당김)
주차레버	포크 하강(밂), 주차(당김)
변속레버	기어의 변속을 위한 레버

지게차 포크를 하강시키는 방법 : 가속페달을 밟지 않고 리프트레버를 앞으로 민다.

159 지게차 체인장력 조정법

① 좌우 체인이 동시에 평행한지를 확인한다.
② 포크를 지상에 조금 올린 후 조정한다.
③ 체인을 눌러보아 양쪽이 다르면 조정너트로 조정한다.
④ 체인 장력을 조정한 후, 반드시 로크 너트를 고정한다.

160 카운터 웨이트(평형추) : 작업할 때 안정성 및 균형을 잡아주기 위해 지게차 장비 뒤쪽에 설치

161 지게차 동력전달순서

① 엔진 → 토크컨버터 → 변속기 → 종감속 기어 및 차동장치 → 앞구동축 → 최종감속기 → 차륜
② 클러치식 지게차 : 엔진 → 클러치 → 변속기 → 종감속기어 및 차동장치 → 앞구동축 → 차륜
③ 전동식 지게차 : 축전지 → 컨트롤러 → 구동모터 → 변속기 → 종감속 기어 및 차동장치 → 앞구동축 →차륜

162 압력

① 압력을 표현한 식 : 압력 = 힘 ÷ 면적
② 단위 : kgf/cm^2, N/m^2, PSI, kPa, mmHg, bar, atm 등

163 유압 작동유(유압유)의 구비조건

① 비압축성일 것
② 내열성이 클 것
③ 점도지수가 높을 것
④ 화학적 안정성이 클 것
⑤ 밀도가 작을 것
⑥ 열팽창계수가 작을 것
⑦ 발화점이 높을 것
⑧ 윤활성, 방청성이 있을 것
⑨ 적정한 유동성과 점성을 갖고 있을 것
⑩ 넓은 온도범위에서 점도변화가 적을 것

164 파스칼의 원리 : 밀폐된 용기 속의 유체 일부에 가해진 압력은 각부의 모든 부분에 같은 세기로 전달된다.

165 유압유의 점도

① 온도가 상승하면 점도는 저하된다.
② 점성의 점도를 나타내는 척도이다.
③ 온도가 내려가면 점도는 높아진다.

166 유압유의 점도가 지나치게 높았을 때 나타나는 현상

① 유동저항이 커져 압력손실이 증가한다.
② 내부마찰이 증가하고 압력이 상승한다.
③ 동력손실이 증가하여 기계효율이 감소한다.

167 유압작동유의 점도가 지나치게 낮을 때 나타나는 현상

유압실린더의 속도가 늦어진다.

유압장치에서 사용되는 오일의 점도가 너무 낮을 경우 나타날 수 있는 현상 : 펌프 효율 저하, 오일 누설, 계통(회로) 내의 압력 저하, 실린더 및 컨트롤 밸브에서 누출 현상

168 유압유 온도가 과도하게 상승했을 때 나타날 수 있는 현상

① 작동 불량 현상이 발생한다.
② 유압유의 산화작용을 촉진한다.
③ 기계적인 마모가 발생할 수 있다.

유압오일의 온도가 상승할 때 나타날 수 있는 결과 : 점도 저하, 펌프 효율 저하, 밸브류의 기능 저하

169 유압유가 과열되는 원인

① 유압유가 부족할 때
② 오일냉각기의 냉각핀이 오손되었을 때
③ 릴리프 밸브가 닫힌 상태로 고장일 때

170 작동유 온도가 과열되었을 때 유압계통에 미치는 영향

① 열화를 촉진한다.
② 점도의 저하에 의해 누유되기 쉽다.
③ 온도변화에 의해 유압기기가 열변형되기 쉽다.

171 펌프의 공동현상으로 생기는 결과

펌프에서 진동과 소음이 발생하고 양정과 효율이 급격히 저하되며 날개차 등에 부식을 일으키는 등 펌프의 수명을 단축시킨다.

172 유압유의 압력이 상승하지 않을 때의 원인 점검

① 펌프의 토출량 점검
② 유압회로의 누유상태 점검
③ 릴리프 밸브의 작동상태 점검

173 오일의 압력이 낮아지는 원인

① 오일의 점도가 낮아졌을 때
② 계통 내에서 누설이 있을 때
③ 유압펌프의 성능이 불량할 때(오일펌프 성능이 노후되었을 때)

174 유압 라인에서 압력에 영향을 주는 요소

유체의 흐름 양, 유체의 점도, 관로 직경의 크기

175 유압오일 내에 기포(거품)가 형성되는 이유

오일에 공기 혼합

176 유압장치의 장점

① 과부하 방지가 용이하다.
② 운동방향을 쉽게 변경할 수 있다.
③ 작은 동력원으로 큰 힘을 낼 수 있다.

177 유압장치의 기본적인 구성요소

① 유압발생장치 : 작동유 탱크, 유압펌프, 오일필터, 압력계, 오일펌프 구동용 전동기(유압모터) 등
② 유압제어장치 : 압력제어밸브, 유량제어밸브, 방향제어밸브 등
③ 유압구동장치 : 유압실린더, 유압전동기 등

178 유압장치에서 유압조절밸브의 조정방법

조정 스크루를 조이면 유압이 높아진다.

179 유압 작동부에서 오일이 누유되고 있을 때 가장 먼저 점검해야 할 곳 : 실(seal)

180 유압펌프의 기능

원동기의 기계적 에너지를 유압에너지로 전환한다.

유압펌프의 토출량을 나타내는 단위 : LPM, GPM

181 유압펌프의 종류

기어펌프	• 소형이며 구조가 간단하다. • 플런저펌프에 비해 효율이 낮다. • 초고압에는 사용이 곤란하다. • 정용량 펌프이다.
플런저펌프 (피스톤펌프)	• 유압펌프에서 경사판의 각을 조정하여 토출유량을 변화시키는 펌프 • 축은 회전 또는 왕복운동을 한다. • 가변용량이 가능하다. • 효율이 가장 높다. • 발생압력이 고압이다. • 토출량의 범위가 넓다
베인펌프	• 안쪽 날개가 편심된 회전축에 끼워져 회전하는 유압펌프 • 날개로 펌핑동작을 한다. • 토크(torque)가 안정되어 소음이 작고, 맥동이 적다. • 싱글형과 더블형이 있다. • 소형, 경량이다. • 간단하고 성능이 좋다.

182 유압펌프의 소음 발생원인

① 흡입오일 속에 기포가 있다.
② 펌프의 회전이 너무 빠르다.
③ 펌프 축의 편심 오차가 크다.
④ 펌프흡입관 접합부로부터 공기가 유입된다.
⑤ 스트레이너가 막혀 흡입용량이 너무 작아졌다.

183 유압조정 밸브에서 조정 스프링의 장력이 클 때 나타나는 현상 : 유압이 높아진다.

184 유량제어 밸브

① 유압장치에서 작동체의 속도를 바꿔 주는 밸브
② 종류 : 속도제어 밸브, 교축 밸브, 급속배기 밸브, 분류 밸브, 유량조정 밸브

185 압력제어 밸브

① 유압회로 내에서 유압을 일정하게 조절하여 일의 크기를 결정하는 밸브
② 종류 : 시퀀스 밸브, 언로드 밸브, 카운터 밸런스 밸브, 릴리프 밸브, 압력조절 밸브, 리듀싱 밸브(감압 밸브)

186 방향제어 밸브

① 회로 내 유체의 흐르는 방향을 조절하는 데 쓰이는 밸브
② 방향제어 밸브에서 내부 누유에 영향을 미치는 요소 : 밸브 간극의 크기, 밸브 양단의 압력차, 유압유의 점도
③ 종류 : 셔틀 밸브, 체크 밸브, 방향변환 밸브

187 시퀀스 밸브

① 유압회로의 압력에 의해 유압 액추에이터의 작동순서를 제어하는 밸브
② 2개 이상의 분기회로를 갖는 회로 내에서 작동 순서를 회로의 압력 등에 의하여 제어하는 밸브
③ 순차작동 밸브라고도 하며 각 유압실린더를 일정한 순서로 순차작동시키고자 할 때 사용하는 것

188 릴리프 밸브

① 유압회로 내의 유압을 설정압력으로 일정하게 유지하기 위한 압력제어 밸브(유압계통 내의 최대 압력을 제어하는 밸브)
② 직동형, 평형 피스톤형 등의 종류가 있음

릴리프 밸브가 설치되는 위치 : 펌프와 제어 밸브 사이

189 체크 밸브

① 유압유의 흐름을 한쪽으로만 허용하고 반대방향의 흐름을 제어하는 밸브
② 유압회로에서 역류를 방지하고 회로 내의 잔류 압력을 유지하는 밸브

190 유압모터

① 유압에너지를 공급받아 회전운동을 하는 유압기기
② 유체의 에너지를 이용하여 기계적인 일로 변환하는 기기
③ 유압모터의 용량 : 입구 압력(kgf/cm^2)당 토크

특징	• 무단변속이 용이하다. • 자동 원격조작이 가능하다. • 속도나 방향의 제어가 용이하다. • 소형, 경량으로서 큰 출력을 낼 수 있다.
단점	• 작동유가 누출되면 작업 성능에 지장이 있다. • 작동유의 점도변화에 의해 유압모터의 사용에 제약이 있다. • 작동유에 먼지나 공기가 침입하지 않도록 특히 보수에 주의해야 한다.

유압모터와 유압실린더 : 모터 – 회전운동, 실린더 – 직선운동

191 유압모터의 회전속도가 규정속도보다 느릴 경우의 원인

유압유의 유입량 부족, 각 작동부의 마모 또는 파손, 오일의 내부 누설

192 유압모터에서 소음과 진동이 발생할 때의 원인

내부 부품의 파손, 작동유 속에 공기의 혼입, 체결 볼트의 이완

193 채터링 현상 : 유압계통에서 릴리프 밸브의 스프링 장력이 약화될 때 발생할 수 있는 현상

194 유압 실린더

① 유압실린더의 종류 : 단동 실린더 피스톤(piston)형, 단동 실린더 램(ram)형, 복동 실린더 양로드(double rod)형, 복동 실린더 싱글로드형, 복동 실린더 더블로드형, 단동 실린더 램형
② 실린더의 과도한 자연낙하 현상이 발생될 수 있는 원인 : 실린더 내의 피스톤 실링의 마모, 컨트롤 밸브 스풀의 마모, 릴리프 밸브의 조정 불량
③ 유압실린더의 작동속도가 느릴 경우의 원인 : 유압회로 내에 유량이 부족할 때

195 액추에이터 : 유압유의 압력에너지(힘)를 기계적 에너지(일)로 변환시키는 작용을 하는 것

196 축압기(Accumulator, 어큐뮬레이터)

유압펌프에서 발생한 유압을 저장하고 맥동을 제거시키는 것

축압기의 용도	유압에너지의 저장, 충격 흡수, 압력 보상
축압기의 사용 목적	압력 보상, 유체의 맥동 감쇠, 보조 동력원으로 사용

197 스트레이너 : 유압기기 속에 혼입되어 있는 불순물을 제거하기 위해 사용

198 유압탱크

유압탱크의 구비조건	• 드레인(배출밸브) 및 유면계를 설치한다. • 적당한 크기의 주유구 및 스트레이너를 설치한다. • 오일에 이물질이 혼입되지 않도록 밀폐되어야 한다.
유압장치에서 유압탱크의 기능	• 계통 내의 필요한 유량 확보 • 베플에 의해 기포 발생 방지 및 소멸 • 탱크 외벽의 방열에 의해 적정온도 유지
작동유 탱크 역할	• 작동유를 저장한다. • 오일 내 이물질의 침전작용을 한다. • 유온을 적정하게 유지하는 역할을 한다.

드레인 플러그 : 오일탱크 내의 오일을 전부 배출시킬 때 사용

199 유압회로에서 유량제어를 통하여 작업속도를 조절하는 방식 : 미터 인 방식, 미터 아웃 방식, 블리드 오프 방식

200 캐비테이션(Cavitation)

작동유 속에 혼입되어 있던 공기가 기포로 발전함으로써 유압장치 내에 국부적인 높은 압력과 소음, 진동을 발생시키는 현상

결과	• 오일 순환 불량 • 유온 상승 • 용적 효율 저하 • 체적 감소 • 소음 · 진동 · 부식 등 발생 • 액추에이터 효율 감소
방지방법	• 적당한 점도의 작동유 선택 • 흡입구멍의 양정 1m 이하 • 수분 등의 이물질 유입 방지 • 정기적인 오일필터 점검 및 교환

도로명 안내 표지

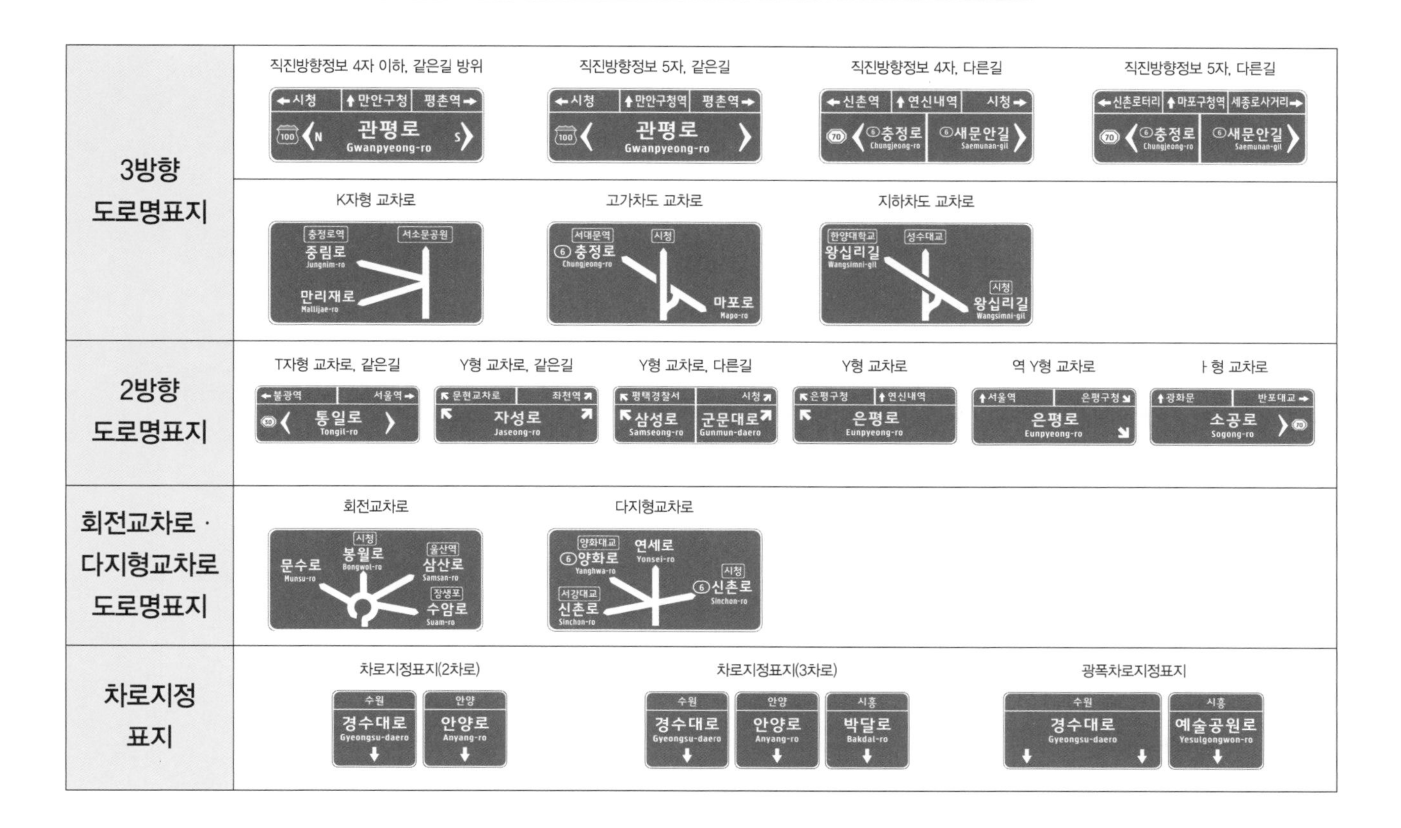

도로명주소 안내시설

도로명판	왼쪽 또는 오른쪽 한 방향용 도로명판 강남대로 Gangnam-daero 1→699 (시작 지점)	1←65 대정로23번길 Daejeong-ro23beon-gil (끝 지점)	양방향용 도로명판 56 방배길 Bangbae-gil 60	앞쪽 방향용 도로명판 방배길 Bangbae-gil 9999 ↑ 1	예고용 도로명판 종로 Jong-ro 200m	기초번호판 종로 Jong-ro 2345
건물번호판	일반용 사각형 건물번호판 여의대로 234 Yeoui-daero	일반용 오각형 건물번호판 중앙로 Jungang-ro 437	문화재 · 관광용 건물번호판 34 세종로 Sejong-ro	관공서용 건물번호판 445 강남대로 Gangnam-daero		

도로명주소

① 도로명주소 도입의 필요성

(1) 물류기반 주소정보 인프라(Infra) → 물류비용 절감
(2) 전자상거래의 확대에 따른 주소 정보화
(3) 국제적으로 보편화된 주소제도 사용 → 국가경쟁력 및 위상 제고
(4) 행정적 측면 : 소방 · 방범 · 재난 등 국민의 생명과 재산 관련 업무 긴급출동 시 시간 단축

② 도로명주소 표기 방법

행정구역명 + 도로명 + 건물번호 + " , " + 상세주소 + 참고항목
(시 · 도/시 · 군 · 구/읍 · 면) (동 · 호수 등) (법정동, 아파트단지 명칭 등)

(1) 도로명은 모두 붙여 쓴다. 예 국회대로62길, 용호로21번길
(2) 도로명과 건물번호는 띄어 쓴다. 예 국회대로62길 25, 용호로21번길 15
(3) 건물번호와 상세주소(동 · 층 · 호) 사이에는 쉼표(" , ")를 찍는다.

단 독 주 택 : 경기도 파주시 문산읍 문향로85번길 6
업무용빌딩 : 서울특별시 종로구 세종대로 209, 000호(세종로)
공 동 주 택 : 인천광역시 부평구 체육관로 27, 000동 000호(삼산동, 00아파트)

③ 도로명주소 안내시설

(1) 도로명판

왼쪽 또는 오른쪽 한 방향용(시작지점)

넓은 길, 시작지점을 의미

강남대로는 6.99km(699×10m)
1 → 현 위치는 도로 시작점

왼쪽 또는 오른쪽 한 방향용(끝지점)

'대정로' 시작지점에서부터
약 230m 지점에서
왼쪽으로 분기된 도로

이 도로는 650m(65×10m)
← 65 현 위치는 도로 끝지점

양방향용(중간지점)

전방 교차도로는 중앙로

중앙로
Jungang-ro
92 96

좌측으로 92번
이하 건물 위치

우측 96번
이상 건물 위치

앞쪽 방향용(중간지점)

중간지점을 의미

남은 거리는 1.5km
92 → 현 위치는 도로상의 92번

예고용 도로명판

현 위치에서 다음에 나타날
도로는 '종로'

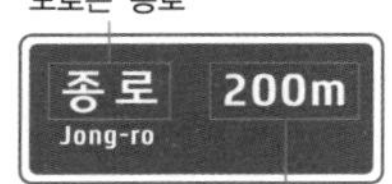

현 위치로부터 전방 200m에
예고한 도로가 있음

기초번호판

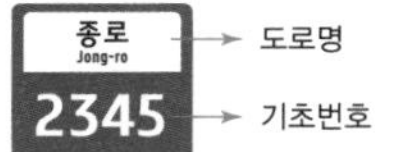

(2) 건물번호판

다음 도로명판에 대한 설명으로 옳지 않은 것은?

✔ 대정로 시작점 부근에 설치된다.
② 대정로 종료지점에 설치된다.
③ 대정로는 총 650m이다.
④ 대정로 시작점에서 230m에 분기된 도로이다.

해설 제시된 도로명판은 대정로 종료지점에 설치된다.

※ 지게차 · 굴착기 등 운전기능사시험에서 도로명주소 · 도로명표지에 관한 내용이 출제되고 있습니다. 〈도로명안내표지〉도 함께 보시면 좋습니다.
도로명주소 안내시스템(http://www.juso.go.kr), 주소정보시설규칙(법제처 http://www.law.go.kr)에서 자세한 내용을 확인할 수 있습니다.

▸▸ 자료출처 : 도로명주소 안내시스템(http://www.juso.go.kr)

교통안전표지 일람표

주의 표지	+자형 교차로	T자형 교차로	Y자형 교차로	ㅏ자형 교차로	ㅓ자형 교차로	우선도로	우합류도로	좌합류도로	회전형 교차로	철길건널목	우로굽은도로	좌로굽은도로
우좌로이중굽은도로	좌우로이중굽은도로	2방향통행	오르막경사 (10%)	내리막경사 (10%)	도로폭이좁아짐	우측차로없어짐	좌측차로없어짐	우측방통행	양측방통행	중앙분리대시작	중앙분리대끝남	신호기
미끄러운도로	강변도로	노면고르지못함	과속방지턱	낙석도로	횡단보도	어린이보호	자전거	도로공사중	비행기	횡풍	터널	교량
야행동물보호	위험 (위 험 DANGER)	상습정체구간	규제 표지	통행금지 (통행금지)	자동차통행금지	화물자동차 통행금지	승합자동차 통행금지	이륜자동차및원동기장치자전거통행금지	자동차·이륜자동차및원동기장치자전거통행금지	경운기·트랙터및손수레통행금지	자전거통행금지	진입금지 (진 입 금 지)
직진금지	우회전금지	좌회전금지	유턴금지	앞지르기금지	정차·주차금지 (주정차금지)	주차금지 (주 차 금 지)	차중량제한 (5.5 t)	차높이제한 (3.5m)	차폭제한 (2.2 m)	차간거리확보 (50m)	최고속도제한 (50)	최저속도제한 (30)
서행 (천천히 SLOW)	일시정지 (정 지 STOP)	양보 (양 보 YIELD)	보행자보행금지	위험물적재차량 통행금지	지시 표지	자동차전용도로 (전 용)	자전거전용도로 (자전거 전용)	자전거및보행자 겸용도로	회전교차로	직진	우회전	좌회전
직진 및 우회전	직진 및 좌회전	좌회전 및 유턴	좌우회전	유턴	양측방통행	우측면통행	좌측면통행	진행방향별통행구분	우회로	자전거 및 보행자 통행구분	자전거전용차로 (자전거 전용)	주차장 (주 차 P)
자전거주차장 (P 자전거주차)	보행자전용도로 (보행자전용도로)	횡단보도 (횡 단 보 도)	노인보호(노인보호구역안) (노 인 보 호)	어린이보호(어린이보호구역안) (어린이보호)	장애인보호(장애인보호구역) (장애인 보호)	자전거횡단도 (자전거횡단)	일방통행 (일방통행)	일방통행 (일방통행)	일방통행 (일방통행)	비보호좌회전 (비보호)	버스전용차로 (전 용)	다인승차량전용차로 (다인승 전용)
통행우선	자전거나란히 통행허용	보조 표지	거리 (100m 앞 부터)	거리 (여기부터 500m)	구역 (시 내 전 역)	일자 (일요일·공휴일 제외)	시간 (08:00~20:00)	시간 (1시간 이내 차둘 수 있음)	신호등화 상태 (적신호시)	전방우선도로 (앞에 우선도로)	안전속도 (안전속도 30)	기상상태 (안개지역)
노면상태	교통규제 (차로엄수)	통행규제 (건너가지 마시오)	차량한정 (승용차에 한함)	통행주의 (속도를 줄이시오)	충돌주의 (충 돌 주 의)	표지설명 (터널길이 258m)	구간시작 (구간시작 200m)	구간내 (구 간 내 400m)	구간끝 (구 간 끝 600m)	우방향	좌방향	전방 (전방 50M)
중량 (3.5t)	노폭 (3.5m)	거리 (100m)	해제 (해 제)	견인지역 (견 인 지 역)	표지판 종류	주의 (100~210)		규제 (100~210)		지시 (100이상)		보조 (100이상)

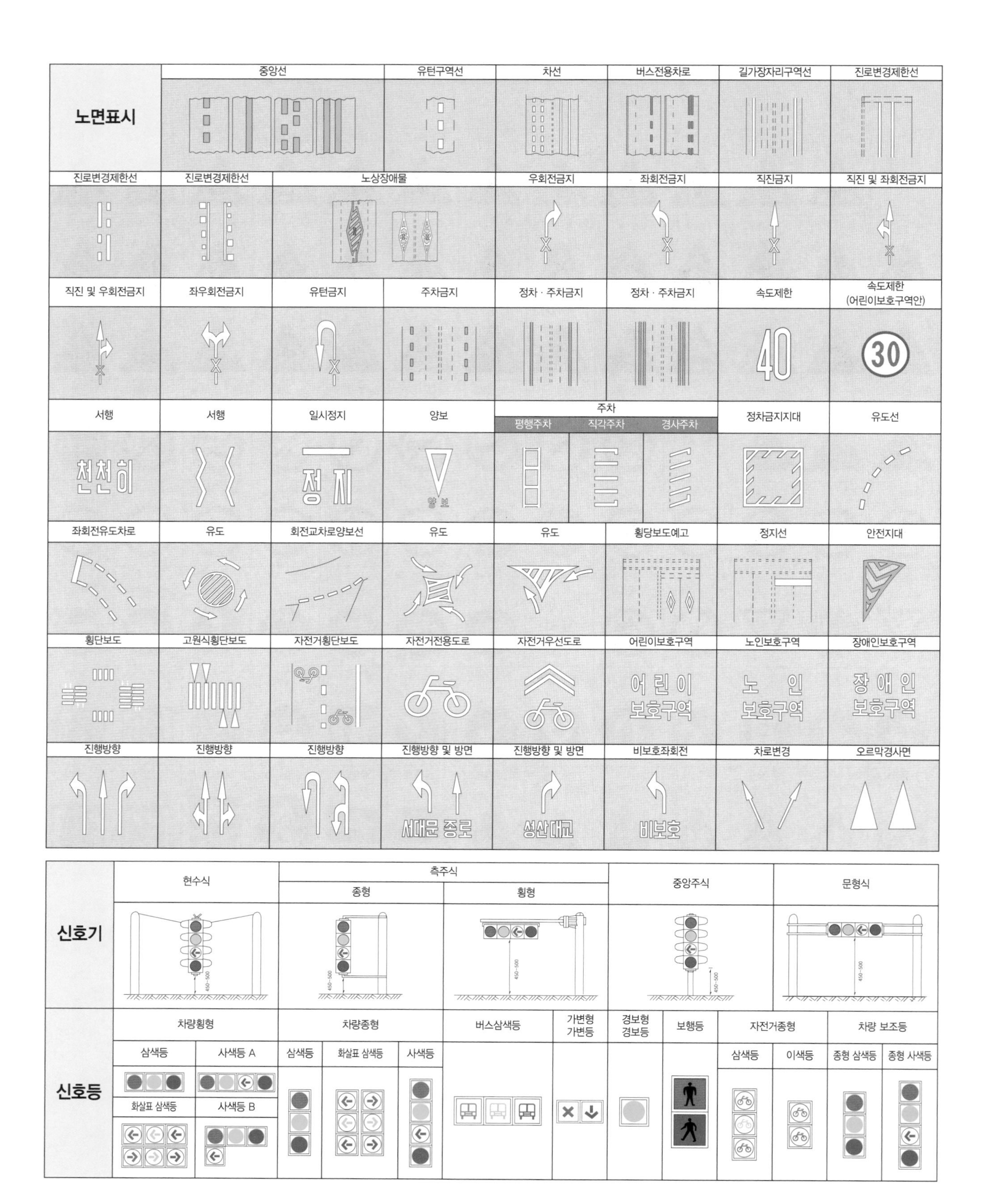
노면표시
중앙선
유턴구역선
차선
버스전용차로
길가장자리구역선
진로변경제한선
진로변경제한선
진로변경제한선
노상장애물
우회전금지
좌회전금지
직진금지
직진 및 좌회전금지
직진 및 우회전금지
좌우회전금지
유턴금지
주차금지
정차 · 주차금지
정차 · 주차금지
속도제한
40
속도제한
(어린이보호구역안)
30
서행
천천히
서행
일시정지
정지
양보
양보
주차
평행주차
직각주차
경사주차
정차금지지대
유도선
좌회전유도차로
유도
회전교차로양보선
유도
유도
횡당보도예고
정지선
안전지대
횡단보도
고원식횡단보도
자전거횡단보도
자전거전용도로
자전거우선도로
어린이보호구역
어린이
보호구역
노인보호구역
노 인
보호구역
장애인보호구역
장애인
보호구역
진행방향
진행방향
진행방향
진행방향 및 방면
서대문 종로
진행방향 및 방면
성산대교
비보호좌회전
비보호
차로변경
오르막경사면
신호기
현수식
측주식
종형
횡형
중앙주식
문형식
450~500
신호등
차량횡형
삼색등
사색등 A
화살표 삼색등
사색등 B
차량종형
삼색등
화살표 삼색등
사색등
버스삼색등
가변형
가변등
경보형
경보등
보행등
자전거종형
삼색등
이색등
차량 보조등
종형 삼색등
종형 사색등

지게차 운전기능사

CBT 최신 경향 모의고사

제1회 CBT 최신 경향 모의고사

★
01 작업장의 안전관리와 관련하여 옳지 않은 것은?

① 위험한 작업장에는 안전수칙을 부착하여 사고 예방을 한다.
② 폐유를 바닥에 뿌려 먼지가 발생하지 않도록 한다.
③ 작업대 사이, 기계 사이의 통로는 일정한 너비를 확보한다.
④ 작업이 끝나면 모든 사용 공구는 정 위치에 정리정돈 한다.

★★
02 정차 및 주차의 금지에 해당하는 곳이 아닌 것은?

① 교차로의 가장자리로부터 5m 이내인 곳
② 건널목의 횡단보도로부터 10미터 이내인 곳
③ 안전지대의 사방으로부터 각각 10미터 이내인 곳
④ 전봇대가 설치된 곳으로부터 20m 이내인 곳

03 디젤기관의 연료 점화 방법에 해당하는 것은?

① 마그넷 점화 ② 압축 착화
③ 전기 점화 ④ 전기 착화

04 기동전동기가 작동하지 않는 원인과 관계없는 것은?

① 연료 압력이 낮다.
② 배터리의 출력이 낮다.
③ 기동전동기가 소손되었다.
④ 배선과 스위치가 손상되었다.

05 지게차 조종석의 계기판 사용 중 틀리게 설명한 것은?

① 엔진오일압력 경고등 – 엔진의 윤활유 압력상태를 나타내는 것이다.
② 충전 경고등 – 발전기의 발전상태를 나타내는 것이다.
③ 연료계 – 바늘지침이 "E"를 가리키면 연료가 거의 없는 것이다.
④ 수온계 – 바늘지침이 녹색(혹은 백색) 범위를 벗어나면 정상이다.

해설

01 작업장 바닥에 폐유를 뿌리는 것은 화재 발생의 위험이 있는 행위이다.

02 건널목의 가장자리로부터 10미터 이내인 곳, 버스여객자동차의 정류지임을 표시하는 표지판으로부터 10미터 이내인 곳, 교차로의 가장자리나 도로의 모퉁이로부터 5미터 이내인 곳에서는 차를 정차하거나 주차하여서는 아니 된다(도로교통법 제32조).

03 디젤기관은 공기만을 실린더 내로 흡입하여 고압축비로 압축한 후, 압축열에 연료를 분사시켜 자연 착화를 시킨다.

04 기동전동기가 작동하지 않거나 회전력이 약한 원인
- 배터리의 전압이 낮음
- 배터리 단자와 터미널의 접촉 불량
- 배선과 시동스위치가 손상 또는 접촉 불량
- 엔진 내부 피스톤 고착

05 냉각수 수온계는 엔진 열을 내려주는 냉각수의 온도를 나타낸다. 수온계의 지침이 C(cold)와 H(hot) 사이의 정상범위를 벗어나지 않는 것이 정상이다.

남은 문제 : 55문항

★★
06 건설기계에 사용되는 유압장치의 작동 원리는?

① 베르누이의 정리 ② 파스칼의 원리
③ 지렛대의 원리 ④ 후크의 법칙

★★★
07 깨지기 쉬운 화물이나 불안전한 화물의 낙하를 방지하기 위하여 포크 상단에 상하 작동할 수 있는 압력판을 부착한 지게차는?

① 로드 스태빌라이저 ② 하이 마스트
③ 로테이팅 포크 ④ 힌지드 포크

08 지게차의 작업장치에서 포크의 기능은?

① 화물이 마스트 후방으로 낙하하는 것을 방지한다.
② 작업할 때 안정성 및 균형을 잡아준다.
③ 마스트를 따라 캐리지를 올리고 내린다.
④ 화물을 떠받쳐 운반하는 역할을 한다.

★★
09 토크 컨버터의 최대 회전력을 무엇이라 하는가?

① 회전력 ② 토크 변환비
③ 종 감속비 ④ 변속 기어비

★
10 건설기계 운전면허의 효력정지 사유가 발생한 경우 관련법상 효력 정지 기간으로 맞는 것은?

① 1년 이내 ② 6월 이내
③ 5년 이내 ④ 3년 이내

11 해머 작업 시의 내용으로 옳지 않은 것은?

① 손에 장갑을 착용하지 않고서 작업을 한다.
② 작업 중에는 수시로 해머 상태를 확인한다.
③ 강한 타격이 필요할 때는 연결대를 사용한다.
④ 공동으로 해머 작업 시는 호흡을 맞추도록 한다.

해설

06 파스칼의 원리란 밀폐된 용기 내에 액체를 가득 채우고 그 용기에 힘을 가하면 그 내부압력은 용기의 각 면에 수직으로 작용하며, 용기 내의 어느 곳이든지 똑같은 압력으로 작용한다는 원리로 유압실린더 기기의 가장 기본이 되는 원리이다.

07 ② 하이 마스트 : 일반 지게차로 작업이 어려운 높은 위치에 물건을 쌓거나 내리는 데 적합하다.
③ 로테이팅 포크 : 포크를 좌우로 360° 회전시켜서 용기에 들어있는 액체 또는 제품을 운반하거나 붓는 데 적합하다.
④ 힌지드 포크 : 원목 및 파이프 등의 적재 작업에 적합하며, 펠릿 작업도 가능하다.

08 포크는 L자형으로 2개이며, 핑거 보드에 체결되어 화물을 떠받쳐 운반하는 역할을 한다. 적재하는 화물의 크기에 따라 간격을 조정할 수 있다.
① 백레스트
② 카운터 웨이트
③ 리프트 체인

09 토크 변환비는 토크 컨버터의 최대 회전력을 말한다.

10 시장 · 군수 · 구청장은 국토교통부령으로 정하는 바에 따라 건설기계조종사 면허를 취소하거나 1년 이내의 기간을 정하여 건설기계조종사 면허의 효력을 정지시킬 수 있다(건설기계관리법 제28조).

11 작업 시 원심력에 의해 해머가 연결대에서 빠질 경우에는 사고가 발생할 수 있다.

남은 문제 : 49문항

★★
12 시 · 도지사가 직권으로 등록말소할 수 있는 사유가 아닌 것은?

① 건설기계가 멸실된 경우
② 거짓이나 그 밖의 부정한 방법으로 등록을 한 경우
③ 방치된 건설기계를 시 · 도지사가 강제로 폐기한 경우
④ 건설기계를 사 간 사람이 소유권 이전등록을 하지 아니한 때

13 유압실린더 내 피스톤의 충돌을 완화시키기 위해서 설치된 기구는?

① 쿠션기구 ② 밸브기구
③ 유량제어기구 ④ 셔틀기구

14 조향장치의 구성품이 아닌 것은?

① 유니버셜 조인트 ② 너클 암
③ 타이로드 ④ 피트먼 암

★★★
15 지게차의 부가 작업장치에 해당하지 않는 것은?

① 힌지드 리퍼 ② 힌지드 포크
③ 로드 스태빌라이저 ④ 힌지드 버킷

16 유압유의 점도 단위에 해당하는 것은?

① sec ② mm^2/s
③ kg ④ g/cm

17 지게차의 작업 전 점검사항과 가장 거리가 먼 것은?

① 타이어의 손상 및 공기압 체크
② 오일 · 냉각수의 누유 · 누수 상태 체크
③ 리프트 체인의 유격 상태 체크
④ 휠 볼트와 너트의 풀림상태 체크

해설

12 시 · 도지사가 직권으로 등록의 말소(건설기계관리법 제6조)
- 건설기계의 차대가 등록 시의 차대와 다른 경우
- 건설기계가 법 규정에 따른 건설기계안전기준에 적합하지 아니하게 된 경우
- 건설기계를 수출하는 경우
- 건설기계를 도난당한 경우
- 건설기계를 교육 · 연구목적으로 사용하는 경우
- 정기검사 유효기간이 만료된 날부터 3월 이내에 시 · 도지사의 최고를 받고 지정된 기한까지 정기점사를 받지 아니한 경우

13 실린더 쿠션기구 : 작동을 하고 있는 피스톤이 그대로의 속도로 실린더 끝부분에 충돌하면 큰 충격이 가해진다. 이것을 완화시키기 위하여 설치한 것이 쿠션기구이다.

14 조향장치의 조향 링키지로는 피트먼 암, 드래그 링크, 너클 암, 타이로드와 타이로드 엔드 등이 있다. 유니버셜 조인트는 변속기에서 나오는 동력을 바퀴에 전달하는 추진축인 드라이브 라인의 구성품이다.

15 지게차 작업장치의 종류
하이 마스트, 사이드 시프트 마스트, 프리 리프트 마스트, 트리플 스테이지 마스트, 로드 스태빌라이저, 로테이팅 클램프 마스트, 힌지드 포크, 힌지드 버킷 등

16 유압작동유의 점도단위는 일반적으로 mm^2/s (cSt : SI 단위)로 표시된다.

17 ④ 휠 볼트와 너트의 풀림상태 체크는 작업 후 점검 내용에 해당한다.

남은 문제 : 43문항

18 클러치 라이닝의 구비조건 중 틀린 것은?

① 내마멸성, 내열성이 적을 것
② 알맞은 마찰계수를 갖출 것
③ 온도에 의한 변화가 적을 것
④ 내식성이 클 것

★★★
19 교류발전기(AC)에서 축전지로부터 발전기로 전류가 역류하는 것을 방지하는 것은?

① 스테이터 ② 로터
③ 다이오드(정류기) ④ 브러시

★★
20 건설기계의 등록번호표를 가리거나 훼손하여 알아보기 곤란하게 한 경우에 1차 위반 시 과태료 금액은?

① 50만 원 ② 70만 원
③ 100만 원 ④ 300만 원

★★★
21 보행자 보호를 위한 통행방법으로 옳지 않은 것은?

① 보행자가 횡단보도를 통행하고 있거나 통행하려고 하는 때에는 보행자의 횡단을 방해하거나 위험을 주지 아니하도록 그 횡단보도 앞에서 일시정지하여야 한다.
② 교통정리를 하고 있지 아니하는 교차로 또는 그 부근의 도로를 횡단하는 보행자의 통행을 방해하여서는 아니 된다.
③ 보행자의 옆을 지나는 경우에는 안전한 거리를 두고 서행하여야 하며, 보행자의 통행에 방해가 될 때에는 서행하거나 일시정지하여 보행자가 안전하게 통행할 수 있도록 하여야 한다.
④ 어린이 보호구역 내에 설치된 횡단보도 중 신호기가 설치되지 아니한 횡단보도 앞에서는 보행자의 횡단이 없을 때는 서행을 해야 한다.

22 디젤기관에서 연료 분사량을 조절하여 기관의 회전속도를 제어하는 것은?

① 딜리버리 밸브 ② 타이머
③ 조속기 ④ 연료공급 펌프

해설

18 클러치 라이닝은 마모에 강해야 하고 부식이 잘 되지 않아야 하며 마찰로 인해 발생하는 고열을 잘 견뎌낼 수 있어야 한다.

19 다이오드는 스터이터 코일에 발생한 교류 전기를 정류하여 직류로 변환시키는 역할과 축전지로부터 발전기로 전류가 역류하는 것을 방지한다.

20 건설기계의 등록번호표를 가리거나 훼손하여 알아보기 곤란하게 한 자 또는 그러한 건설기계를 운행한 자에게는 1차 위반 시 50만 원, 2차 위반 시 70만 원, 3차 위반 시 100만 원의 과태료를 부과한다(건설기계관리법 시행령 별표3).

21 어린이 보호구역 내에 설치된 횡단보도 중 신호기가 설치되지 아니한 횡단보도 앞(정지선이 설치된 경우에는 그 정지선을 말한다)에서는 보행자의 횡단 여부와 관계없이 일시정지하여야 한다(도로교통법 제27조).

22 조속기(거버너)는 연료 분사량을 조절하여 기관의 회전속도를 제어하는 역할을 한다. 엔진의 회전 속도나 부하의 변동에 따라 제어 슬리브와 피니언의 관계 위치를 변화시켜 조정을 한다.

남은 문제 : 38문항

★★★★
23 기관의 냉각장치에서 부동액의 구비 조건이 아닌 것은?

① 물과 쉽게 혼합될 것
② 비등점이 물보다 낮을 것
③ 부식성이 없을 것
④ 침전물의 발생이 없을 것

★★★
24 지게차 작업장치의 포크가 한쪽으로 기울어지는 이유는?

① 한쪽 체인(chain)이 늘어짐
② 한쪽 롤러(side roller)가 마모
③ 한쪽 실린더(cylinder)의 작동유 부족
④ 한쪽 리프트 실린더(lift cylinder)가 마모

25 유압장치의 구성요소에 해당하지 않는 것은?

① 제어 밸브 ② 펌프
③ 오일탱크 ④ 차동장치

26 다음 그림의 안전표지판이 나타내는 것은?

① 보행금지
② 작업금지
③ 사용금지
④ 출입금지

★★
27 기관 출력이 낮을 때의 원인이 아닌 것은?

① 연료 분사량이 적을 때
② 클러치가 불량할 때
③ 실린더 내의 압력이 낮을 때
④ 흡 · 배기 계통이 막혔을 때

28 건설기계기관에서 이물질 여과와 관련이 없는 것은?

① 인젝션 타이머 ② 스트레이너
③ 연료 필터 ④ 공기청정기

해설

23 부동액은 기관의 과열을 방지하기 위해서 비등점이 물보다 높아야 한다.

부동액의 구비조건
- 응고점이 낮을 것
- 순환성이 좋을 것
- 휘발성이 없을 것
- 팽창계수가 작을 것

24 지게차의 한쪽 체인(chain)이 늘어지면 포크가 한쪽으로 기울어지게 된다.

25 차동장치는 동력전달장치의 일종으로 양 바퀴의 회전 수 차이를 보상해 주는 장치를 말한다.

26 ① 보행금지 : 

④ 출입금지 : 

27 클러치 불량은 주행 시 동력의 전달과 차단, 가속, 속도에 영향을 미친다.

28 인젝션 타이머는 분사시기 조정장치이다.

남은 문제 : 32문항

29 지게차의 동력원 종류에 따른 구분이 아닌 것은?

① 전동 지게차
② LPG 지게차
③ 분류식 지게차
④ 디젤 지게차

★
30 유압 오일실(seal) 가운데 O-링의 구비조건이 아닌 것은?

① 내열성이 클 것
② 탄성이 양호할 것
③ 비중이 클 것
④ 압축변형이 적을 것

31 연삭기에서 연산칩의 비산을 막기 위한 안전방호장치는?

① 안전덮개
② 급정지 장치
③ 양수 조작식 방호장치
④ 광전자식 안전 방호장치

★★
32 건설기계의 검사 종류에 해당하지 않은 것은?

① 수시검사
② 예비검사
③ 정기검사
④ 신규등록검사

★
33 도로교통법상 서행해야 할 장소로 지정된 곳이 아닌 것은?

① 2차선 다리 위
② 도로가 구부러진 부근
③ 가파른 비탈길의 내리막
④ 비탈길의 고갯마루 부근

34 기관에서 밸브스템엔드와 로커암(태핏) 사이의 간극은?

① 스탬 간극
② 밸브 간극
③ 캠 간극
④ 로커암 간극

해설

30 O-링의 구비조건
- 내압성과 내열성이 클 것
- 피로강도가 크고, 비중이 적을 것
- 탄성이 양호하고, 압축변형이 적을 것
- 설치하기가 쉬울 것

31 ③, ④는 프레스 방호장치에 해당한다.

32 건설기계의 소유자는 그 건설기계에 대하여 국토교통부령으로 정하는 바에 따라 국토교통부장관이 실시하는 검사를 받아야 한다. 검사의 종류에는 신규등록검사, 정기검사, 구조변경검사, 수시검사 등이 있다.

33 서행 또는 일시정지할 장소(도로교통법 제31조)
1. 교통정리를 하고 있지 아니하는 교차로
2. 도로가 구부러진 부근
3. 비탈길의 고갯마루 부근
4. 가파른 비탈길의 내리막
5. 시·도경찰청장이 도로에서의 위험을 방지하고 교통의 안전과 원활한 소통을 확보하기 위하여 필요하다고 인정하여 안전표지로 지정한 곳

34 밸브 간극은 정상온도 운전 시 열팽창될 것을 고려하여 흡·배기 밸브에 간극을 둔 것을 말한다.

남은 문제 : 26문항

35 12V 80Ah 축전지 2개를 직렬로 연결하였을 때의 전압과 용량은?

① 12V 80Ah ② 12V 160Ah
③ 24V 80Ah ④ 24V 160Ah

★★★
36 건설기계에 사용되는 저압 타이어의 호칭 치수 표시 순서는?

① 타이어 외경 - 타이어 폭 - 플라이 수
② 타이어 내경 - 플라이 수 - 타이어 폭
③ 타이어 폭 – 타이어의 내경 - 플라이 수
④ 플라이 수 - 타이어 외경 - 타이어 폭

37 일반화재 발생 시 대피 요령으로 맞는 것을 모두 고르시오.

ㄱ. 머리카락, 피부 등이 불에 닿지 않도록 한다.
ㄴ. 젖은 수건으로 코와 입 등을 막고 대피한다.
ㄷ. 몸을 가능한 낮은 자세로 하여 대피한다.
ㄹ. 옷에 물을 적시고 대피한다.

① ㄱ ② ㄱ, ㄴ
③ ㄱ, ㄴ, ㄷ ④ ㄱ, ㄴ, ㄷ, ㄹ

★★★★
38 건설기계의 구조변경이 가능한 경우가 아닌 것은?

① 동력전달장치의 형식변경
② 건설기계의 길이 · 너비 · 높이 등의 변경
③ 적재함의 용량증가를 위한 구조변경
④ 수상작업용 건설기계의 선체의 형식변경

39 경음기 스위치를 작동하지 않았는데 계속 울리는 고장의 원인에 해당하는 것은?

① 배터리의 과충전
② 경음기 접지선이 단선
③ 경음기 전원 공급선이 단선
④ 경음기 릴레이의 접점이 용착

해설

35 동일한 축전지 2개를 직렬로 연결시 전압은 개수만큼 증가하지만 용량은 1개일 때와 같다. 병렬로 연결하면 용량은 개수만큼 증가하지만 전압은 1개일 때와 같다.

36 저압 타이어 호칭 및 치수는 타이어 폭 – 타이어의 내경 - 플라이 수(PR)로 표시되며 단위는 인치이다.

38 건설기계의 구조변경이 불가능한 경우
- 건설기계의 기종변경
- 육상작업용 건설기계 규격의 증가 또는 적재함의 용량 증가를 위한 구조변경

남은 문제 : 21문항

40 구동 차축에 대한 설명으로 옳지 않은 것은?

① 종감속 기어 및 차동 장치와 연결되어 있다.
② 앞 액슬축은 하중지지와 구동 역할을 수행한다.
③ 뒤 액슬축은 하중지지와 조향역할을 수행한다.
④ 선회할 때 바깥쪽 바퀴의 회전속도를 증대시킨다.

★★
41 지게차의 리프트 실린더에서 사용되는 유압 실린더의 형식은?

① 단동 실린더　② 복동 실린더
③ 왕복 실린더　④ 스프링 실린더

★★★
42 유량 제어밸브와 관계가 없는 것은?

① 분류 밸브　② 체크 밸브
③ 교축 밸브　④ 니들 밸브

43 지게차 화물 운반 작업의 위험 요인과 가장 거리가 먼 것은?

① 지게차의 전도　② 지게차의 부딪힘
③ 화물의 화재　④ 화물의 낙하

★★
44 지게차 조향핸들의 조작이 무거운 원인에 해당하는 것은?

① 앞바퀴의 공기압이 낮다.　② 뒷바퀴의 공기압이 낮다.
③ 앞바퀴의 공기압이 높다.　④ 뒷바퀴의 공기압이 높다.

45 지게차의 동력전달순서로 맞는 것은?

① 엔진 → 변속기 → 토크 컨버터 → 종감속 기어 및 차동장치 → 최종 감속기 → 앞 구동축 → 차륜
② 엔진 → 변속기 → 토크 컨버터 → 종감속 기어 및 차동장치 → 앞 구동축 → 최종 감속기 → 차륜
③ 엔진 → 토크 컨버터 → 변속기 → 앞 구동축 → 종감속 기어 및 차동장치 → 최종 감속기 → 차륜
④ 엔진 → 토크 컨버터 → 변속기 → 종감속 기어 및 차동장치 → 앞 구동축 → 최종 감속기 → 차륜

해설

40 ④ 차동기어장치가 하부 추진체가 휠로 되어 있는 건설기계장비에서 커브를 돌 때 선회를 원활하게 해주는 장치이다.

41 지게차의 리프트 실린더는 단동 실린더로 되어 있다. 틸트 실린더는 마스트와 프레임 사이에 설치된 2개의 복동식 유압실린더이다.

42 유량 제어밸브는 회로에 공급되는 유량을 조절하여 액추에이터의 운동 속도를 제어하는 역할을 한다.
② 체크 밸브는 방향 제어밸브이다.

44 지게차는 뒷바퀴를 움직여 조향하는 방식을 사용하기 때문에 뒷바퀴의 공기압이 너무 낮을 때 조향핸들의 조작이 무거울 수 있다.

조향핸들의 조작이 무거운 원인
- 유압이 낮을 때
- 유압계통 내에 공기가 유입되었을 때
- 조향 펌프에 오일이 부족할 때

남은 문제 : 15문항

★★★
46 건설기계와 전선로와의 이격 거리에 대한 설명으로 옳지 않은 것은?

① 바람이 강할수록 멀어져야 한다.
② 전압에는 관계없이 일정하다.
③ 애자수가 많을수록 멀어져야 한다.
④ 전선이 굵을수록 멀어져야 한다.

★
47 작업복에 대한 유의사항으로 옳지 않은 것은?

① 작업복은 항상 깨끗한 상태로 입어야 한다.
② 작업복 상의의 옷자락은 밖으로 내어서 입는다.
③ 기름이 묻은 작업복은 가능한 착용하지 않는다.
④ 주머니가 너무 많지 않고, 소매가 단정한 것이 좋다.

★★
48 건설기계관리법상 출장검사를 받을 수 있는 경우가 아닌 것은?

① 자체중량이 30톤을 초과하는 경우
② 너비가 2.5m를 초과하는 경우
③ 최고속도가 시간당 35km 미만인 경우
④ 도서 지역에 있는 경우

49 벨트 취급에 대한 안전사항 중 옳지 않은 것은?

① 고무벨트에는 기름이 묻지 않도록 한다.
② 벨트 교환 시 회전을 완전히 멈춘 상태에서 한다.
③ 벨트의 회전을 정시시킬 때는 손으로 잡아서 한다.
④ 벨트에는 적당한 장력을 유지하도록 한다.

★★★★
50 고압 대출력에 사용하는 유압 모터로 가장 적절한 것은?

① 기어 모터　② 베인 모터
③ 플런저 모터　④ 트로코이드 모터

★★★
51 어큐뮬레이터(축압기)의 기능이 아닌 것은?

① 충격압력 흡수　② 유압에너지의 저장
③ 유량 분배 및 제어　④ 압력 보상

해설

46 전압이 높을수록 멀어져야 한다. 전선은 바람에 흔들리게 되므로 바람이 강할수록 이격거리를 증가시켜야 하며, 전선의 굵기가 굵을수록, 애자의 개수가 많을수록 전압은 높아진다.

47 상의의 옷자락은 밖으로 나오지 않도록 해야 한다.

48 ① 자체중량이 40톤을 초과하거나 축하중이 10톤을 초과하는 경우에 해당한다(건설기계관리법 시행규칙 제32조 제2항).

49 벨트 회전을 정지시킬 때 손을 사용하는 것은 매우 위험한 동작이다. 벨트의 마찰에 의한 화상이나 벨트 가드에 손이 끼이게 되어 상해를 입을 수 있기 때문에 절대 하지 말아야 한다.

50 플런저 모터(피스톤형 모터)는 펌프의 최고 토출압력, 평균효율이 가장 높아 고압 대출력에 사용하는 유압 모터이다.

51 축압기의 기능
압력 보상, 에너지 축적, 유압회로 보호, 체적변화 보상, 맥동 감쇠, 충격압력 흡수 및 일정 압력 유지

남은 문제 : 09문항

52 체인블록을 이용하여 무거운 물체를 이동시키고자 할 때 가장 안전한 방법은?

① 작업의 효율을 위해 굵기가 가는 체인을 사용한다.
② 체인이 느슨하지 않도록 시간적 여유를 가지고 작업한다.
③ 내릴 때는 하중 부담을 줄이기 위해 최대한 빠른 속도로 한다.
④ 빠른 시간 내 이동을 하기위해 무조건 최단거리의 코스로 간다.

★
53 수직면에 대하여 지게차의 마스트를 포크 쪽으로 기울인 최대경사각은?

① 전경각 ② 후경각
③ 최대각 ④ 최소각

54 유압장치에서 피스톤 로드에 있는 이물질이 실린더 내로 혼입되는 것은 방지하는 것은?

① 스트레이너 ② 필터
③ 더스트 실 ④ 실린더 커버

★★
55 검사신청을 받은 검사대행자는 신청을 받은 날부터 몇일 이내에 검사일시와 장소를 지정하여 소유자에게 통지하여야 하는가?

① 5일 ② 7일
③ 15일 ④ 30일

56 렌치 중 볼트의 머리를 완전히 감싸고 너트를 꽉 조여 미끄러질 위험이 적은 것은?

① 오픈 렌치 ② 복스 렌치
③ 소켓 렌치 ④ 파이프 렌치

해설

52 체인이 느슨한 상태에서 급격히 잡아당기면 재해가 발생할 수 있으므로 시간적 여유를 가지고 작업을 해야 한다.

53 마스트 경사각은 기준 무부하 상태에서 마스트를 앞과 뒤로 기울일 때 수직면에 대하여 이루는 각으로 전경각(보통 5~6°의 범위)은 지게차의 마스트를 포크 쪽으로 기울인 최대경사각이고, 후경각은 지게차의 마스트를 조종실 쪽으로 기울인 최대경사각(약 10~12°의 범위)을 말한다.

54 유압 실린더의 구성부품으로는 피스톤, 피스톤 로드, 실린더, 실(Seal), 쿠션기구 등이 있다. 더스트 실은 이물질 침입을 방지한다.

55 정기검사의 신청은 검사 유효기간의 만료일 전후 각각 31일 이내에 신청을 하며 검사신청을 받은 시·도지사 또는 검사대행자는 신청을 받은 날부터 5일 이내에 검사일시와 검사장소를 지정하여 신청인에게 통지하여야 한다.

56 복스 렌치 : 오픈 렌치를 사용할 수 없는 오목한 부분의 볼트, 너트를 조이고 풀 때 사용한다. 볼트, 너트의 머리를 감쌀 수 있어 미끄러지지 않는다.

남은 문제 : 04문항

★★★★

57 노면이 폭설로 가시거리 100m 이내인 경우 최고속도의 얼마를 감속 운행하여야 하는가?

① 최고속도의 100분의 70을 줄인 속도
② 최고속도의 100분의 60을 줄인 속도
③ 최고속도의 100분의 50을 줄인 속도
④ 최고속도의 100분의 30을 줄인 속도

58 지게차의 작업장치가 아닌 것은?

① 마스트 ② 붐
③ 리프트 실린더 ④ 틸트 실린더

★★

59 유압장치의 기호 회로도에 사용되는 유압기호의 표시방법으로 적합하지 않은 것은?

① 기호에는 흐름의 방향을 표시한다.
② 기호는 어떠한 경우에도 회전하여서는 안 된다.
③ 각 기기의 기호는 정상상태 또는 중립상태를 표시한다.
④ 기호에는 각 기기의 구조나 작용 압력을 표시하지 않는다.

60 지게차의 조향 및 작업장치에 대한 그리스 주입으로 옳지 않은 것은?

① 포크와 핑거바 ② 틸트 실린더 핀
③ 마스트 서포트 ④ 조향 실린더 링크

해설

57 폭우·폭설·안개 등으로 가시거리가 100m 이내인 경우, 노면이 얼어붙은 경우, 눈이 20mm 이상 쌓인 경우에는 최고속도의 100분의 50을 줄인 속도로 운행해야 한다(도로교통법 시행규칙 제19조제2항).

58 붐은 굴착기의 상부회전체에 풋 핀에 의해 연결되어 있는 작업장치이다.

59 유압기호의 표시방법
- 기호에는 흐름의 방향을 표시한다.
- 각 기기의 기호는 정상상태 또는 중립상태를 표시한다.
- 오해의 위험이 없을 때는 기호를 뒤집거나 회전할 수 있다.
- 기호에는 각 기기의 구조나 작용 압력을 표시하지 않는다.
- 기호가 없어도 정확히 이해할 수 있을 때는 드레인 관로는 생략할 수 있다.

60 포크와 핑거바 사이의 미끄럼부에 그리스를 바른다.

그리스 주입
- 마스트 서포트 – 2개소
- 틸트 실린더 핀 – 4개소
- 킹 핀 – 4개소
- 조향 실린더 링크 – 4개소

제2회 CBT 최신 경향 모의고사

01 엔진에서 노킹이 발생되었을 때 디젤기관에 미치는 영향과 가장 거리가 먼 것은?

① 연소실 온도가 상승한다.
② 기관의 RPM이 높아진다.
③ 출력이 저하된다.
④ 엔진에 손상이 발생할 수 있다.

★★★★★
02 지게차로 화물취급 작업 시 준수해야 할 사항으로 틀린 것은?

① 화물 앞에서 일단 정지해야 한다.
② 화물의 근처에 왔을 때에는 가속 페달을 살짝 밟는다.
③ 파렛트에 실려 있는 물체의 안전한 적재 여부를 확인한다.
④ 지게차를 화물 쪽으로 반듯하게 향하고 포크가 파렛트를 마찰하지 않도록 주의한다.

03 건설기계가 멸실된 경우의 조치로 옳은 것은?

① 소유자가 등록이전 신고를 한다.
② 소유자가 2월 이내에 등록신청을 하여야 한다.
③ 시 · 도지사의 직권으로 신규로 등록 한다.
④ 시 · 도지사의 직권으로 등록을 말소할 수 있다.

★
04 지게차가 주행 중 변속 레버가 빠질 수 있는 원인에 해당하는 것은?

① 변속기의 오일이 부족할 때
② 기어가 충분히 물리지 않았을 때
③ 클러치의 유격이 너무 클 때
④ 릴리스 베어링이 파손되었을 때

05 타이어에서 트레드 패턴과 관계없는 것은?

① 제동력, 구동력 및 견인력
② 조향성, 안정성
③ 편평율
④ 타이어의 배수효과

해설

01 RPM(Revolution Per Minute)은 엔진의 분당 회전수를 말한다.

02 지게차가 적재하고자 하는 화물의 바로 앞에 도달하면 안전한 속도로 감속한다.

03 시 · 도지사가 직권으로 등록의 말소(건설기계관리법 제6조)
- 건설기계의 차대가 등록 시의 차대와 다른 경우
- 건설기계가 법 규정에 따른 건설기계안전기준에 적합하지 아니하게 된 경우
- 건설기계를 수출하는 경우
- 건설기계를 도난당한 경우
- 건설기계를 교육 · 연구목적으로 사용하는 경우
- 정기검사 유효기간이 만료된 날부터 3월 이내에 시 · 도지사의 최고를 받고 지정된 기한까지 정기점사를 받지 아니한 경우

04 ①, ③은 변속기어의 소음 원인이고, ④는 동력의 전달 및 차단 작용과 관계가 있다.

05 편평율은 회전 타원체의 편평도를 나타내는 양이다.

남은 문제 : 55문항

★★★
06 지게차의 용도에 따른 분류로 가장 적합한 것은?

① 흙(토사) 굴착작업　② 토목작업
③ 운반작업　④ 흙(토사) 적재작업

07 전조등에 대한 설명이다. (　)에 들어갈 내용으로 옳은 것은?

> 인적이 드문 산길이나 가로등이 없는 고속도로를 주행할 때 (A) 켜서 시야를 확보하는 것이 안전하며 해가 지거나 비가 와서 시야 확보가 어려울 때 (B) 사용하면 차선을 더 잘 볼 수 있다. 피조면의 밝기 정도를 나타내는 것은 (C) 이다.

① A – 하향등　② B – 상향등
③ C – 광도　④ C – 조도

★★★
08 유압장치에서 유압탱크의 기능이 아닌 것은?

① 계통 내의 필요한 유량 확보
② 배플에 의해 기포발생 방지 및 소멸
③ 탱크 외벽의 방열에 의해 적정온도 유지
④ 계통 내에 필요한 압력 설정

★★
09 다음 중 화재의 분류가 옳게 된 것은?

① 일반 가연물 화재 – A급 화재
② 전기 화재 – D급 화재
③ 유류 화재 – C급 화재
④ 금속 화재 – B급 화재

★
10 축전지의 전해액으로 가장 적합한 것은?

① 묽은 황산　② 증류수
③ 엔진오일　④ 식용유

해설

07 A – 상향등, B – 하향등, C – 조도
광도는 어떤 방향의 빛의 세기를 말한다.

08 오일탱크의 기능
- 오일을 담아두는 용기로서의 기능
- 발생한 열을 냉각, 적정온도 유지
- 흡입 작동유 여과(스트레이너)
- 응축수 및 찌꺼기 배출(드레인 플러그)
- 이물질 침입 방지(밀폐)

09 유류 화재는 B급 화재, 전기 화재는 C급 화재, 금속 나트륨이나 금속칼륨 등의 금속 화재는 D급 화재이다.

남은 문제 : 50문항

11 변속기의 필요성과 관계가 없는 것은?

① 환향을 빠르게 한다.
② 장비의 후진 시 필요하다.
③ 기관의 회전력을 증대시킨다.
④ 시동 시 장비를 무부하 상태로 한다.

★★★
12 포크의 높이를 최저 위치에서 최고 위치로 올릴 수 있는 경우의 높이는?

① 프리 리프트 높이 ② 전고
③ 최저 지상고 ④ 최대올림 높이

★★
13 유압 작동유의 구비조건으로 옳은 것은?

① 점도지수가 높을 것 ② 인화점이 낮을 것
③ 압축성이 좋을 것 ④ 내마모성이 작을 것

14 작업장의 안전수칙 중 틀린 것은?

① 불필요한 행동을 하지 않도록 한다.
② 빠른 작업 시에는 공구를 던져서 전달한다.
③ 각종 기계를 불필요하게 공회전시키지 않는다.
④ 기계의 청소나 손질은 운전을 정지시킨 후 실시한다.

★★★★
15 앞지르기를 할 수 없는 경우에 해당되는 것은?

① 앞 차의 좌측에 다른 차가 나란히 진행하고 있을 때
② 앞차가 우측으로 진로를 변경하고 있을 때
③ 앞차가 그 앞차와의 안전거리를 확보하고 있을 때
④ 앞차가 양보 신호를 할 때

16 기관의 상사점과 하사점과의 거리는?

① 피스톤의 길이 ② 피스톤의 행정
③ 실린더의 넓이 ④ 실린더 벽의 상하 길이

해설

11 변속기의 필요성
- 엔진과 액슬축 사이에서 회전력을 증대시키기 위해
- 엔진 시동 시 무부하 상태(중립)로 두기 위해
- 건설기계의 후진을 위해

12 프리 리프트 높이는 마스트의 높이를 변화시키지 않은 상태에서 포크의 높이를 최저 위치에서 최고 위치로 올릴 수 있는 경우의 높이를 말한다.
② 전고 : 지게차의 가장 위쪽 끝이 만드는 수평면에서 지면까지의 최단거리
③ 최저 지상고 : 포크와 타이어를 제외하고 지면으로부터 지게차의 가장 낮은 부위까지의 높이
④ 최대올림 높이 : 지게차의 기준무부하 상태에서 지면과 수평상태로 포크를 가장 높이 올렸을 때 지면에서 포크 윗면까지의 높이

13 유압 작동유의 구비조건
- 점도지수가 높을 것
- 비압축성일 것
- 내열성이 크고 거품이 적을 것

14 작업장에서 공구를 전달할 때 던져주면 작업자가 위험할 수 있으며 공구가 손상될 수 도 있다.

15 앞차의 좌측에 다른 차가 앞차와 나란히 가고 있는 경우에는 앞차를 앞지르지 못한다.

16 기관에서 피스톤의 행정이란 상사점과 하사점과의 거리를 말한다.

남은 문제 : 44문항

해설

★★

17 교류발전기에서 직류발전기의 계자철심 기능과 같은 역할을 하는 것은?

① 로터 ② 스테이터
③ 브러시 ④ 다이오드

18 지게차의 구성요소가 아닌 것은?

① 마스트 ② 암
③ 리프트 실린더 ④ 밸런스 웨이트

19 다음 중 베인 펌프의 주요 구성 요소에 해당하는 것은?

ㄱ. 베인(vane)
ㄴ. 경사판(swash plate)
ㄷ. 격판(baffle plate)
ㄹ. 회전자(rotor)
ㅁ. 캠링(cam ring)

① ㄱ, ㄴ, ㄷ, ㄹ ② ㄴ, ㄷ, ㅁ
③ ㄱ, ㄹ, ㅁ ④ ㄱ, ㄴ, ㄹ, ㅁ

★

20 다음의 안전보호표지판에 해당하는 것은?

① 위험장소 경고
② 고압전기 경고
③ 방사성물질 경고
④ 레이저광선 경고

★★★

21 교통안전시설이 표시하고 있는 신호와 경찰공무원의 수신호가 다른 경우 통행방법으로 옳은 것은?

① 신호기 신호를 우선적으로 따른다.
② 수신호는 보조신호이므로 따르지 않아도 좋다.
③ 자기가 판단하여 위험이 없다고 생각되면 아무 신호에 따라도 좋다.
④ 경찰공무원의 수신호에 따른다.

17 교류발전기의 로터는 브러시를 통해 들어온 전류에 의해 전자석이 된다. 직류발전기의 계자철심과 계자코일의 역할과 같다.

18 암은 굴착기의 작업장치 중 하나로 붐과 버킷 사이의 연결부위를 말한다.

19 베인 펌프의 주요 구성 요소 : 베인(vane), 회전자(rotor), 캠링(cam ring)

21 도로를 통행하는 보행자, 차마 또는 노면전차의 운전자는 교통안전시설이 표시하는 신호 또는 지시와 교통정리를 하는 경찰공무원 또는 경찰보조자(이하 "경찰공무원 등"이라 한다)의 신호 또는 지시가 서로 다른 경우에는 경찰공무원 등의 신호 또는 지시에 따라야 한다(도로교통법 제5조 제2항).

남은 문제 : 39문항

★★★★★

22 흰색 바탕에 검은색 문자의 건설기계등록번호표는?

① 자가용　② 영업용
③ 수출용　④ 렌트용

23 유압 실린더 지지방식 중 트러니언형 지지 방식이 아닌 것은?

① 헤드측 지지형　② 캡측 지지형
③ 센터 지지형　④ 캡측 플랜지 지지형

24 겨울철 시동이 잘 걸리지 않을 때 미리 가열하여 시동을 쉽도록 하는 장치는?

① 감압장치　② 냉각장치
③ 배기장치　④ 예열장치

★★★

25 지게차 조종 레버에 대한 설명으로 옳지 않은 것은?

① 리프트 레버를 당기면 포크가 올라간다.
② 틸트 레버를 밀면 마스트가 앞으로 기울어진다.
③ 틸트 레버를 놓으면 자동으로 중립 위치로 복원된다.
④ 리프트 레버를 놓으면 자동으로 중립 위치로 복원되지 않는다.

★

26 유압오일의 온도가 상승할 때 나타날 수 있는 결과가 아닌 것은?

① 점도 저하
② 펌프 효율 저하
③ 오일 누설의 저하
④ 밸브류의 기능 저하

27 지게차 운전 전 점검사항에 해당하는 것은?

① 붐 실린더 오일 누유 여부를 확인한다.
② 버킷의 투스 상태를 확인한다.
③ 좌 · 우 리프트 체인의 유격 상태를 확인한다.
④ 블레이드의 손상 여부를 확인한다.

해설

22 건설기계등록번호표
- 흰색 바탕에 검은색 문자 : 관용, 자가용
- 주황색 바탕에 검은색 문자 : 대여사업용

23 트러니언형 지지 방식의 종류에는 헤드측 지지형, 캡측 지지형, 센터 지지형 등이 있다.

24 디젤기관은 압축착화 방식이므로 한랭상태에서는 경유가 잘 착화하지 못해 시동이 어려울 수 있다. 예열장치는 흡입 다기관이나 연소실 내의 공기를 미리 가열하여 시동을 쉽도록 한다.

25 리프트 레버를 놓으면 자동으로 중립 위치로 복원된다.

26 작동유 온도의 과도 상승 시 나타나는 현상
- 밸브들의 기능이 저하한다.
- 기계적인 마모가 생긴다.
- 중합이나 분해가 일어난다.
- 작동유의 산화 작용을 촉진한다.
- 유압기기의 작동이 불량해진다.
- 실린더의 작동 불량이 생긴다.
- 작동유 누출이 증가한다.

27 ①, ②는 굴착기 작업장치, ④는 불도저의 작업장치와 관련된 내용이다.

남은 문제 : 33문항

28 다음 중 토크컨버터의 구성 부품에 해당하지 않는 것은?

① 펌프 ② 터빈
③ 스테이터 ④ 오버러닝 클러치

★★
29 운전 중인 기관의 에어크리너가 막혔을 때 나타나는 현상으로 가장 적당한 것은?

① 배출가스 색은 검고, 출력은 저하된다.
② 배출가스 색은 희고, 출력은 정상이다.
③ 배출가스 색은 청백색이고, 출력은 증가된다.
④ 배출가스 색은 무색이고, 출력과는 무관하다.

★★
30 건설기계 조종사의 적성검사 기준으로 틀린 것은?

① 시각은 150도 이상일 것
② 두 눈을 동시에 뜨고 잰 시력은 0.7 이상일 것
③ 두 눈 중 한쪽 눈의 시력은 0.6 이상일 것
④ 보청기를 사용하는 사람은 40데시벨의 소리를 들을 수 있을 것

★
31 안전기준을 초과하는 화물의 적재허가를 받은 자는 그 길이 또는 그 폭의 양 끝에 몇 cm 이상의 빨간 헝겊으로 된 표지를 달아야 하는가?

① 너비 25cm, 길이 30cm
② 너비 20cm, 길이 40cm
③ 너비 30cm, 길이 50cm
④ 너비 40cm , 길이 60cm

★★★
32 교차로 통행방법으로 틀린 것은?

① 교차로에서는 정차하지 못한다.
② 교차로에서는 다른 차를 앞지르지 못한다.
③ 좌 · 우 회전 시에는 방향지시기 등으로 신호를 하여야 한다.
④ 교차로에서는 반드시 경음기를 울려야 한다.

해설

28 토크컨버터는 유체클러치를 개량하여 유체클러치보다 회전력의 변화를 크게 한 것이다. 토크컨버터의 3대 구성 요소는 펌프, 터빈, 스테이터이다.

29 에어크리너(공기청정기)가 막히면 공기흡입량이 줄어들어 엔진의 출력이 저하되고, 농후한 혼합비로 인한 불완전 연소로 검은색 배기가스가 배출된다.

30 두 눈을 동시에 뜨고 잰 시력(교정시력을 포함)이 0.7 이상이고, 두 눈의 시력이 각각 0.3 이상일 것이다.

31 안전기준을 초과하는 화물의 적재허가를 받은 자는 그 길이 또는 그 폭의 양 끝에 너비 30cm, 길이 50cm 이상의 빨간 헝겊으로 된 표지를 달아야 한다. 다만 밤에 운행하는 경우에는 반사체로 된 표지를 달아야 한다(도로교통법 시행규칙 제26조).

남은 문제 : 28문항

33 감전사고 예방요령으로 가장 옳지 않은 것은?

① 작업 시 절연장비 및 안전장구를 착용한다.
② 젖은 손으로는 전기기기를 만지지 않는다.
③ 전력선에 물체가 접촉하지 않도록 한다.
④ 코드를 뺄때는 선을 잡고서 빼도록 한다.

34 다음 중 '관공서용 건물번호판'에 해당하는 것은?

①

②

③

④

★★★★
35 다음 중 조종사 면허의 결격사유에 해당하지 않은 것은?

① 면허가 취소된 날부터 2년 6개월이 경과하지 아니한 경우
② 정신질환자 또는 뇌전증 환자
③ 알코올중독자
④ 18세 미만인 사람

36 디젤기관에서 연료가 정상적으로 공급되지 않아 시동이 꺼지는 현상이 발생할 때의 원인으로 적합하지 않은 것은?

① 연료파이프 손상
② 프라이밍 펌프 고장
③ 연료 필터 막힘
④ 연료탱크 내 오물 과다

37 유성기어 장치의 주요 부품에 해당하지 않는 것은?

① 헬리컬기어　② 선기어
③ 링기어　④ 유성기어

해설

33 콘센트에서 코드를 뺄 때에는 반드시 플러그의 몸체를 잡고 빼도록 해야 한다.

34 ① 일반용 오각형 건물번호판
② 일반용 사각형 건물번호판
③ 문화재 · 관광용 건물번호판

35 건설기계조종사 면허의 결격사유(건설기계관리법 제27조)
1. 18세 미만인 사람
2. 건설기계 조종상의 위험과 장해를 일으킬 수 있는 정신질환자 또는 뇌전증환자로서 국토교통부령으로 정하는 사람
3. 앞을 보지 못하는 사람, 듣지 못하는 사람, 그 밖에 국토교통부령으로 정하는 장애인
4. 건설기계 조종상의 위험과 장해를 일으킬 수 있는 마약 · 대마 · 향정신성의약품 또는 알코올중독자로서 국토교통부령으로 정하는 사람
5. 제28조제1호부터 제7호까지의 어느 하나에 해당하는 사유로 건설기계조종사 면허가 취소된 날부터 1년(같은 조 제1호 또는 제2호의 사유로 취소된 경우에는 2년)이 지나지 아니하였거나 건설기계조종사면허의 효력정지처분 기간 중에 있는 사람

36 연료가 정상적으로 공급되지 않는 경우는 연료 파이프가 손상되었거나 연료 필터가 막히는 경우 등이 있다. 프라이밍 펌프는 엔진 정지 시 연료장치 회로 내의 공기빼기 등을 위하여 수동으로 작동시키는 펌프이다.

37 유성기어 장치의 주요 부품으로는 선기어, 링기어, 유성기어, 유성캐리어로 등으로 구성이 있다. 헬리컬기어는 기어의 형식을 말한다.

남은 문제 : 23문항

38 조종사 보호를 위한 지게차의 안전장치와 가장 거리가 먼 것은?

① 헤드 가드 ② 백 레스트
③ 안전띠 ④ 아웃트리거

★★★★★
39 지게차가 화물을 싣고 언덕길을 내려올 때의 방법으로 가장 적절한 것은?

① 포크에 화물을 싣고 앞으로 천천히 내려온다.
② 포크에 화물을 싣고 뒤로 천천히 내려온다.
③ 포크에 화물을 싣고 기어의 변속을 중립에 놓고 내려온다.
④ 포크에 화물을 싣고 지그재그로 회전하여 내려온다.

★★★
40 다음 중 유압모터의 종류에 해당하는 것은?

① 가솔린 모터 ② 디젤 모터
③ 보올 모터 ④ 플런저 모터

41 작업복의 의미로 가장 옳은 것은?

① 작업장의 질서 확립
② 작업자의 안전 보호
③ 작업 능률의 향상
④ 작업자의 복장 통일

★★
42 엔진이 과열되는 원인으로 가장 거리가 먼 것은?

① 냉각수의 부족
② 라디에이터의 코어 막힘
③ 오일의 품질 불량
④ 정온기가 닫힌 상태로 고장

43 타이어식 건설기계장비에서 동력전달장치에 속하지 않는 것은?

① 클러치 ② 종감속 장치
③ 과급기 ④ 타이어

해설

38 리치형 지게차(입식형)는 차체 전방으로 튀어나온 아웃트리거(앞바퀴)에 의해 차제의 안정을 유지하고 그 아웃트리거 안을 포크가 전후방으로 움직이며 작업을 하도록 되어 있다.

39 지게차로 화물을 운반할 때 적재물이 앞으로 쏟아지지 않게 하기 위해 언덕길에서는 화물을 위쪽으로 가게 한 후 후진으로 내려오는 것이 좋다. 또한 경사지에서는 브레이크를 사용하는 것보다 저속 기어로 변속하여 기어 브레이크를 사용해야 한다.

40 유압모터는 유압에너지를 이용하여 연속적으로 회전운동을 시키는 장치로 기어 모터, 플런저 모터(회전피스톤형), 베인 모터 등이 있다.

41 작업복을 입는 근본적인 목적은 작업장에서 작업자의 안전을 보호하기 위한 것이다.

42 ③ 오일의 품질 불량 시에는 실린더 내에서 노킹하는 소리가 난다.

43 건설기계장비의 동력전달장치는 기관에서 발생한 동력을 구동바퀴까지 전달하는데 필요한 장치를 말한다. 클러치, 변속기, 추진축, 드라이브 라인, 종감속 기어, 차동장치, 액슬축 및 구동바퀴 등으로 구성이 된다.
③ 과급기는 흡기장치에 속한다.

남은 문제 : 17문항

★
44 다음은 지게차의 어느 부분을 설명한 것인가?

- 마스트와 프레임 사이에 설치된다.
- 마스트를 전경 또는 후경시키는 작용을 한다.
- 레버를 밀면 마스트가 앞으로 기울고, 당기면 마스트가 뒤로 기울어진다.

① 리프트 실린더 ② 마스트 실린더
③ 틸트 실린더 ④ 슬라이딩 실린더

★★
45 지게차의 조향장치 원리는 어떠한 형식인가?

① 앞바퀴 조향 방식 ② 전부동식
③ 애커먼 장토식 ④ 허리꺾기 방식

46 해머작업 시의 안전수칙으로 가장 거리가 먼 것은?

① 작업에 알맞은 무게의 해머를 사용한다.
② 장갑을 끼지 않고 처음에는 약하게, 점점 강하게 때린다.
③ 높은 강도를 필요로 하는 작업에서는 연결대를 끼워서 한다.
④ 열처리된 재료는 해머로 때리지 않도록 주의를 한다.

47 연소의 3요소에 해당되지 않는 것은?

① 가연물 ② 점화원
③ 공기 ④ 물

★★★★
48 건설기계정비업의 범위에서 제외되는 행위가 아닌 것은?

① 오일의 보충 ② 브레이크 부품 교체
③ 타이어의 점검 ④ 창유리의 교환

해설

44 틸트 실린더는 마스트를 전경 또는 후경시키는 작용을 한다. 그리고 리프트 실린더는 포크를 상승 · 하강시키는 작용을 한다.

45 지게차의 조향원리는 애커먼 장토식이 사용된다.

46 연결대는 해머가 빠져서 사고가 날 위험이 있으므로 사용해서는 안 된다.

47 연소가 이루어지려면 태워야 할 물질인 가연물이 있어야 하고, 가연물에 불을 붙일 점화원이 있어야 하며, 연소 시 산소를 공급할 공기가 있어야 한다.

48 건설기계정비업의 범위에서 제외되는 행위(건설기계관리법 시행규칙 제1조의2)
1. 오일의 보충
2. 에어클리너엘리먼트 및 휠터류의 교환
3. 배터리 · 전구의 교환
4. 타이어의 점검 · 정비 및 트랙의 장력 조정
5. 창유리의 교환

남은 문제 : 12문항

49 냉각장치에서 밀봉 압력식 라디에이터 캡을 사용하는 것으로 가장 적합한 것은?

① 엔진온도를 높일 때
② 엔진온도를 낮게 할 때
③ 압력밸브가 고장일 때
④ 냉각수의 비등점을 높일 때

★★
50 지게차의 카운터 웨이터 기능에 대한 설명으로 옳은 것은?

① 접지압을 높여 준다.
② 접지면적을 높여 준다.
③ 화물을 실었을 때 쏠리는 것을 방지한다.
④ 더욱 무거운 중량을 들 수 있도록 조절해 준다.

★★★
51 긴 내리막길을 내려갈 때 베이퍼 록을 방지하려고 하는 좋은 운전 방법은?

① 변속레버를 중립으로 놓고 브레이크 페달을 밟고 내려간다.
② 시동을 끄고 브레이크 페달을 밟고 내려간다.
③ 엔진 브레이크를 사용한다.
④ 클러치를 끊고 브레이크 페달을 계속 밟고 속도를 조정하며 내려간다.

52 방향 제어밸브에 대한 설명으로 옳은 것은?

① 유압을 일정하게 조절하여 일의 크기를 결정한다.
② 유체의 흐르는 방향을 제어한다.
③ 작동체의 속도를 바꾸어 준다.
④ 유압 장치의 과부하를 방지한다.

53 다음 중 안전의 제일 이념에 해당하는 것은?

① 재산 보호
② 품질 향상
③ 인명 보호
④ 생산성 향상

★★
54 건설기계 등록자가 다른 시 · 도로 변경되었을 경우 해야 할 사항은?

① 등록사항 변경신고를 하여야 한다.
② 등록이전 신고를 하여야 한다.
③ 등록증을 당해 등록처에 제출한다.
④ 등록증과 검사증을 등록처에 제출한다.

해설

49 라디에이터 캡은 냉각수 주입구 뚜껑으로 냉각장치 내의 비등점을 높이고 냉각 범위를 넓히기 위하여 압력식 캡을 사용한다. 압력이 낮을 때 압력밸브와 진공밸브는 스프링의 장력으로 각각 시트에 밀착되어 냉각장치의 기밀을 유지하게 된다.

50 카운터 웨이트(평형추)는 지게차 맨 뒤쪽에 설치되어 작업을 할 때 안정성 및 균형을 잡아주는 기능을 한다.

51 베이퍼 록(vapor lock)은 브레이크 회로 내의 오일이 비등하여 오일의 압력 전달 작용을 방해하는 현상을 말한다. 이는 브레이크 드럼과 라이닝의 마찰에 의해 가열이 일어나거나 브레이크 오일 열화, 오일 불량 등의 원인에 의해 일어난다.
베이퍼 록을 방지하려면 내리막길에서 엔진 브레이크를 적절히 사용하는 것이 좋다.

52 ①, ④ 압력 제어밸브, ③ 유량 제어밸브

유압의 제어방법
- 압력제어 : 일의 크기 제어
- 방향제어 : 일의 방향 제어
- 유량제어 : 일의 속도 제어

53 안전의 목적에 있어서 사람의 생명이 가장 우선되는 것은 당연한 것이다.

54 건설기계의 소유자는 등록한 주소지 또는 사용본거지가 변경된 경우(시 · 도 간의 변경이 있는 경우에 한함)에는 건설기계등록이전신고서를 새로운 등록지를 관할하는 시 · 도지사에게 제출하여야 한다(건설기계관리법 시행령 제6조).

남은 문제 : 06문항

55 **유압회로에서 유량제어를 통하여 작업속도를 조절하는 방식에 속하지 않는 것은?**

① 미터 인(meter in) 방식
② 블리드 온(bleed on) 방식
③ 미터 아웃(meter out) 방식
④ 블리드 오프(bleed off) 방식

★★★
56 **고의로 경상 2명의 인명피해를 입힌 건설기계조종사에 대한 처분 기준은?**

① 면허효력정지 5일　　② 면허효력정지 15일
③ 면허효력정지 45일　　④ 면허 취소

57 **렌치 작업 시 주의사항으로 옳지 않은 것은?**

① 볼트, 너트에 맞는 것을 사용하여 작업을 한다.
② 당기면서 하는 것보다 밀어서 작업을 한다.
③ 자루에 파이프 등을 끼워서 사용해서는 안 된다.
④ 해머 대신에 사용하거나 해머로 두드리면 안 된다.

58 **호이스트형 유압호스 연결부분에 가장 많이 사용하는 방식은?**

① 니플 방식　　② 소켓 방식
③ 엘보 방식　　④ 유니언 방식

★
59 **벨트를 풀리에 걸 때 올바른 방법은?**

① 저속 회전 중　　② 중속 회전 중
③ 회전 정지 중　　④ 고속 회전 중

60 **유압 · 공기압 도면기호에서 다음의 기호표시는?**

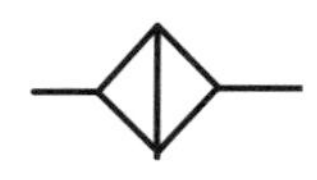

① 필터
② 체크 밸브
③ 축압기
④ 압력계

해설

55 유압회로에서 속도 제어회로에는 미터 인(meter in circuit), 미터 아웃 회로(meter out circuit), 블리드 오프 회로(bleed off circuit) 등이 있다.

56 건설기계 조종 중 고의로 사망 · 중상 · 경상 등의 인명피해를 입힌 경우에는 면허 취소이다.

57 렌치나 스패너는 항상 당기면서 작업해야 안전하다. 밀면서 작업할 경우에는 너트나 볼트가 갑자기 느슨해졌을 때 순간적인 힘을 제어하기 어려워 손등을 주변에 부딪치는 사고가 발생할 수 있다.

58 유니온 조인트(Union joint)는 관과 관을 접속할 때 흔히 쓰이는 관 이음쇠의 일종으로 호이스트형 유압호스 연결부에 가장 많이 사용을 한다.

59 벨트를 풀리에 걸 때는 완전히 회전이 정지된 상태에서 하는 것이 철칙이다. 회전운동이 있는 동안은 속도 크기에 상관없이 안전사고가 발생할 수 있다.

60 체크 밸브

축압기

압력계

제3회 CBT 최신 경향 모의고사

01 다음 중 기관오일의 여과 방식이 아닌 것은?

① 자력식 ② 분류식
③ 전류식 ④ 샨트식

★★★
02 지게차의 조종레버로 포크로 물건을 올리고 내리는 데 사용하는 것은?

① 사이드 레버 ② 리프크 레버
③ 틸트 레버 ④ 변속 레버

03 다음의 안전보건표지에 해당하는 것은?

① 출입금지
② 보행금지
③ 사용금지
④ 탑승금지

★★★★
04 지게차의 압바퀴 정렬과 거리가 먼 것은?

① 캠버 ② 토인
③ 부스터 ④ 캐스터

05 12V 축전지에 3Ω, 4Ω, 5Ω 저항을 직렬로 연결하였을 때 회로 내에 흐르는 전류는?

① 1A ② 2A
③ 3A ④ 4A

해설

01 ② 분류식 : 오일펌프에서 나온 오일의 일부만 여과하여 오일팬으로 보내고 나머지는 그대로 윤할 부분에 전달하는 방식
③ 전류식 : 오일펌프에서 나온 오일 전부를 여과기를 거쳐 여과한 후 윤활부분으로 전달하는 방식
④ 샨트식 : 오일펌프에서 나온 오일의 일부만 여과하고 나머지 여과되지 않은 오일과 합쳐져서 공급되는 방식

02 지게차의 포크는 리프트 레버와 틸트 레버를 사용해서 움직일 수 있다. 리트트 레버는 포크를 올리고 내리는 데 사용하며, 틸트 레버는 포크를 앞뒤로 기울이는 데 사용을 한다.

03 보행을 금지하는 표지이다.
① 출입금지 : 
② 사용금지 : 
④ 탑승금지 : 

04 부스터는 공기압, 유압, 전압 등을 가압하여 승압시키거나 증폭·확대하는 장치이다. 엔진의 터보차저, 제동장치의 배력장치, 점화장치의 점화코일 등이 해당된다.
① 캠버 : 앞에서 보면 그 앞바퀴가 수직선에 대해 어떤 각도를 두고 설치되어 있는 것
② 토인 : 앞바퀴를 위에서 내려다보면 바퀴 중심선 사이의 거리가 앞쪽이 뒤쪽보다 약간 좁게 되어 있는 것
④ 캐스터 : 앞바퀴를 옆에서 보면 조향너클과 앞차축을 고정하는 킹핀이 수직선과 어떤 각도를 두고 설치되는 것

05 전류(I) = $\frac{\text{전압(V)}}{\text{저항(R)}}$이므로 $\frac{12}{3+4+5} = 1(A)$이다.

남은 문제 : 55문항

06 편도 2차로 일반도로에서 건설기계가 통행해야 하는 차로는?

① 2차로 ② 1차로
③ 갓길 ④ 통행불가

★★★
07 유압펌프의 종류가 아닌 것은?

① 포막 펌프 ② 기어 펌프
③ 베인 펌프 ④ 플런저 펌프

★
08 건설기계조종사의 면허취소 사유가 아닌 것은?

① 건설기계 조종 중 고의로 1명에게 경상의 피해를 입혔다.
② 건강 문제로 2년 동안 휴식으로 건설기계를 조종하지 않았다.
③ 건설기계조종사 면허의 효력정지기간 중 건설기계를 조종하였다.
④ 건설기계조종사 면허증을 다른 사람에게 빌려 주었다.

★★
09 클러치 구비조건으로 옳지 않은 것은?

① 회전부분의 평형이 좋을 것
② 장비가 단순하고 조작이 쉬울 것
③ 방열이 잘 되어 과열되지 않을 것
④ 회전 관성이 클 것

★★
10 응급구호표지의 바탕색으로 맞는 것은?

① 흰색 ② 노랑
③ 주황 ④ 녹색

11 다음 중 착화성 지수를 나타내는 것은?

① 세탄가 ② 수막지수
③ 점도지수 ④ 옥탄가

해설

06 일반도로 편도 2차로에서 건설기계는 오른쪽 차로(2차로)로 통행할 수 있다.

07 유압펌프는 기관이나 전동기의 기계적 에너지를 받아 유압에너지로 변환시키는 장치이다. 기어 펌프, 베인 펌프, 플런저 펌프 등이 있다.

08 건설기계조종사가 개인의 건강 문제로 인하여 2년 동안 휴식을 목적으로 건설기계를 조종하지 않은 경우는 건설기계조종사 면허취소 사유와 관계가 없다.

09 클러치의 회전 관성이 클 경우, 동력 연결 시 충격이 크게 발생한다.

10 응급구호표지의 바탕색은 녹색, 관련 부호 및 그림은 흰색을 사용한다.

11 연료의 착화성은 연소실 내에 분사된 연료가 착화할 때까지의 시간으로 표시되며, 이 시간이 짧을수록 착화성이 좋다고 한다. 착화성을 정량적으로 표시하는 것으로 세탄가, 디젤지수, 임계 압축비 등이 있다.

남은 문제 : 49문항

★★★
12 지게차 운행 중 점검할 수 있는 사항과 가장 거리가 먼 것은?

① 연료량 ② 윤활유
③ 냉각수 ④ 배터리

★★
13 좌회전을 하기 위하여 교차로에 진입되었을 때 황색 등화로 바뀌면 어떻게 해야 하는가?

① 그 자리에 정지하여야 한다.
② 정지하여 정지선까지 후진한다.
③ 신속히 좌회전하여 교차로 밖으로 진행한다.
④ 좌회전을 중단하고 횡단보도 앞 정지선까지 후진하여야 한다.

14 건설기계의 브레이크 장치 구비조건으로 옳지 않은 것은?

① 제동효과가 확실해야 한다.
② 신뢰성 · 내구성이 커야 한다.
③ 점검과 정비가 쉬워야 한다.
④ 큰 힘으로 작동되어야 한다.

★
15 보안경을 사용해야 하는 작업장과 가장 거리가 먼 것은?

① 장비 밑에서 하는 정비 작업장
② 철분, 모래 등이 날리는 작업장
③ 공기가 부족한 작업장
④ 전기용접 및 가스용접 작업장

16 유압탱크에 대한 설명으로 틀린 것은?

① 적정 유량을 저장하고, 적정 유온을 유지한다.
② 작동유의 기포 발생 방지, 제거 역할을 한다.
③ 유면계가 설치되어 있어 유량을 점검할 수 있다.
④ 계통 내에 필요한 압력을 제어하는 역할을 한다.

해설

12 지게차의 계기판에서 연료량 경고등, 충전 경고등, 냉각수 온도 경고등을 통하여 현재의 상태를 점검할 수 있다.

13 차마는 황색 등화의 경우 정지선이 있거나 횡단보도가 있을 때에는 그 직전이나 교차로의 직전에 정지하여야 하며 이미 교차로에 차마의 일부라도 진입한 경우에는 신속히 교차로 밖으로 진행하여야 한다.

14 브레이크는 조작이 간단하고 작은 힘으로도 작동될 수 있어야 한다. 제동 작용이 확실하고 점검 · 조정이 쉬워야 하며 운전자에게 피로감을 주지 않아야 한다.

15 보안경은 낙하하거나 날아오는 물체에 의한 위험 또는 위험물, 유해 광선에 의한 시력 장애를 방지하기 위해 사용하는 보호구이다.
③ 공기 부족 시에는 호스 마스크를 사용해야 한다.

16 회로 내의 오일 압력 제어와 유압 유지 등의 역할은 압력제어밸브를 통해서 이루어진다.

남은 문제 : 44문항

★★★
17 **건설기계 등록의 말소 사유에 해당하지 않는 것은?**

① 건설기계를 폐기한 경우
② 건설기계의 구조를 변경한 경우
③ 건설기계를 수출하는 경우
④ 건설기계의 차대가 등록 시의 차대와 다른 경우

18 **축전지의 용량 단위로 맞는 것은?**

① Ah
② N
③ KW
④ lb

★★★★
19 **사이드 포크형 지게차의 전경각은 몇 도 이하인가?**

① 6°
② 20°
③ 5°
④ 10°

20 **드릴 작업의 안전수칙으로 옳지 않은 것은?**

① 장갑을 끼고 작업하지 않는다.
② 드릴을 끼운 뒤 척 렌치는 빼두도록 한다.
③ 구멍을 뚫을 때 일감은 손으로 잡아 단단하게 고정시킨다.
④ 칩을 제거할 때에는 회전을 중지한 상태에서 솔로 제거한다.

★★★★
21 **오일탱크의 구성품이 아닌 것은?**

① 스트레이너
② 배플
③ 릴리프 밸브
④ 드레인 플러그

★★★
22 **유압장치에서 불순물을 제거하기 위해 사용하는 부품으로 옳은 것은?**

① 어큐뮬레이터
② 배플
③ 스트레이너
④ 드레인 플러그

해설

17 ② 건설기계의 구조 변경은 등록 말소 사유에 해당하지 않는다. 건설기계의 길이 · 너비 · 높이 등의 변경, 조종장치의 형식 변경, 수상작업용 건설기계 선체의 형식 변경 등이 구조 변경 범위에 속한다.

18 N(Newton)은 힘, W(Watt)는 전력 · 유효전력(소비전력), lb(파운더, pound)는 중량을 의미한다.

19 마스트의 전경각 및 후경각
- 사이드 포크형 지게차의 전경각 및 후경각은 각각 5° 이하일 것
- 카운터밸런스 지게차의 전경각은 6° 이하, 후경각은 12° 이하일 것

20 일감을 손으로 잡고 구멍을 뚫는 것은 안전사고의 위험이 있다.

21 오일탱크는 작동유의 적정 유량을 저장하고, 적정 유온을 유지하며 작동유의 기포 발생 및 제거 역할을 한다. 주입구, 흡입구와 리턴구, 유면계, 배플 플레이트, 스트레이너, 드레인플러그 등의 부속장치가 있다.

22 스트레이너는 유체에서 고체물질을 걸러내는 부품으로 여과를 담당한다.

남은 문제 : 38문항

23 교차로에서 왼쪽으로 좌회전하는 방법으로 가장 적절한 것은?

① 운전자 편리한 대로 운전한다.
② 교차로 중심 바깥쪽으로 서행한다.
③ 교차로 중심 안쪽으로 서행한다.
④ 앞차의 주행방향으로 따라가면 된다.

★
24 다음 괄호 안에 들어갈 알맞은 말은?

> 일반적으로 건설기계에 설치되는 좌 · 우 전조등은 (   )로 연결된 복선식 구성이다.

① 직렬 ② 병렬
③ 직렬 후 병렬 ④ 병렬 후 직렬

★★★★
25 유압장치의 기호 회로도에 사용되는 유압기호의 표시방법으로 적합하지 않은 것은?

① 기호에는 흐름의 방향을 표시한다.
② 각 기기의 기호는 정상상태 또는 중립상태를 표시한다.
③ 기호는 반드시 회전하여서는 안 된다.
④ 기호에는 각 기기의 구조나 작용 압력을 표시하지 않는다.

26 동력전달장치 계통에서 지켜야 할 안전수칙으로 틀린 것은?

① 기어가 회전하고 있는 곳은 뚜껑으로 잘 덮어 위험을 방지한다.
② 회전하고 있는 벨트나 기어에 불필요한 접근을 금한다.
③ 천천히 회전하는 풀리에는 손으로 벨트를 잡아 걸을 수 있다.
④ 동력절단기를 사용할 때는 안전방호장치를 장착하고 작업을 한다.

27 지게차에서 자동차와 달리 스프링 사용하지 않는 이유로 옳은 것은?

① 롤링시 적하물이 낙하할 수 있기 때문이다.
② 앞차축이 구동축이기 때문이다.
③ 현가장치가 있으면 조향이 어렵기 때문이다.
④ 조종수가 정밀한 작업을 수행할 수 있기 때문이다.

해설

23 모든 차의 운전자는 교차로에서 좌회전을 하려는 경우에는 미리 도로의 중앙선을 따라 서행하면서 교차로의 중심 안쪽을 이용하여 좌회전하여야 한다. 다만 시 · 도경찰청장이 교차로의 상황에 따라 특히 필요하다고 인정하여 지정한 곳에서는 교차로의 중심 바깥쪽을 통과할 수 있다(도로교통법 제25조).

24 일반적으로 건설기계 전조등은 병렬로 연결된 복선식 구성으로 좌 · 우에 1개씩 설치되어 있다.

25 유압기호의 표시방법
- 기호에는 흐름의 방향을 표시한다.
- 각 기기의 기호는 정상상태 또는 중립상태를 표시한다.
- 오해의 위험이 없을 때는 기호를 뒤집거나 회전할 수 있다.
- 기호에는 각 기기의 구조나 작용 압력을 표시하지 않는다.
- 기호가 없어도 정확히 이해할 수 있을 때는 드레인 관로는 생략할 수 있다.

26 벨트를 풀리에 걸때는 완전히 회전이 정지된 상태에서 하는 것이 원칙이다. 회전운동이 있는 동안은 속도 크기에 상관없이 안전사고가 발생할 수 있다.

27 지게차에서 자동차와 같이 스프링을 사용하게 되면 작업 시 롤링이 생겨 적하물이 떨어질 수 있기 때문이다.

남은 문제 : 33문항

★★
28 건설기계의 구조변경이 가능한 것은?

① 원동기 및 전동기의 형식변경
② 건설기계의 기종변경
③ 적재함의 용량증가를 위한 구조변경
④ 육상작업용 건설기계 규격의 증가

29 디젤기관에서 연소실 내의 공기를 가열하여 기동이 쉽도록 하는 장치는?

① 예열장치 ② 연료장치
③ 점화장치 ④ 감압장치

★★★
30 지게차 점검 중 그리스(윤활유)를 칠하지 않는 부분은?

① 틸트 실린더 ② 마스트 실린더
③ 조종 핸들과 레버 ④ 스티어링 액슬

31 작업자의 신체부위가 위험한계로 들어오게 되면 이를 감지하여 작동 중인 기계를 즉시 정지키거나 스위치가 꺼지도록 하는 기능을 가진 것은?

① 위치제한형 방호장치 ② 접근반응형 방호장치
③ 포집형 방호장치 ④ 격리형 방호장치

32 지게차의 포크를 앞뒤로 기울이는 데 사용하는 조종레버는?

① 전후진 레버 ② 틸트 레버
③ 변속 레버 ④ 리프트 레버

★★★
33 도로교통법상 횡단보도로부터 주 · 정차가 금지된 거리는 몇 m 이내인가?

① 5m ② 10m
③ 15m ④ 20m

해설

28 건설기계의 구조변경이 가능한 경우(건설기계관리법 시행규칙 제42조)
- 동력전달장치의 형식변경
- 제동장치, 주행장치, 유압장치, 조종장치, 조향장치, 작업장치의 형식변경
- 건설기계의 길이 · 너비 · 높이 등의 변경
- 수상작업용 건설기계의 선체의 형식변경
- 타워크레인 설치기초 및 전기장치의 형식변경

29 디젤기관은 압축착화방식이므로 한랭상태에서는 경유가 잘 착화하지 못해 시동이 어려울 수 있기 때문에 예열장치가 흡입다기관이나 연소실 내의 공기를 미리 가열하여 기동이 쉽도록 한다.

30 지게차에는 유압을 사용해서 큰 힘을 낼 수 있게 해주는 부품인 실린더가 각 장치마다 있다. 또한, 뒷바퀴로 조향을 하기 때문에 조향과 관련된 부분에도 실린더가 있어 이러한 곳에 그리스를 주입해야 한다.

31 ① 위치제한형 방호장치 : 조작자의 신체부위가 위험한계 밖에 있도록 기계의 조작장치를 위험구역에서 일정거리 이상 떨어지게 한 방호장치
③ 포집형 방호장치 : 위험장소에 설치하여 위험원이 비산하거나 튀는 것을 방지하는 등 작업자로부터 위험원을 차단하는 방호장치
④ 격리형 방호장치 : 작업자가 작업점에 접촉되어 재해를 당하지 않도록 기계설비 외부에 차단벽이나 방호망을 설치하는 것으로 작업장에서 가장 많이 사용하는 방식

32 틸트 레버를 밀으면 포크가 앞으로 기울어지고, 당기면 포크가 뒤로 기울어진다.

33 모든 차의 운전자는 건널목의 가장자리 또는 횡단보도로부터 10m 이내인 곳에서는 차를 정차하거나 주차하여서는 아니 된다(도로교통법 제32조).

남은 문제 : 27문항

★★
34 디젤기관에 과급기를 부착하는 주된 목적은?

① 배기의 정화 ② 냉각효율의 증대
③ 출력의 증대 ④ 윤활성의 증대

35 지게차의 운전 요령으로 틀린 것은?

① 방향을 바꿀 때는 완전 정지 또는 저속으로 운전한다.
② 내리막길에서는 브레이크를 밟으면서 서서히 내려온다.
③ 화물이 커서 시야를 가릴 때 후진으로 내려오면 안 된다.
④ 경사지를 오를 때는 화물이 언덕 위로 향하도록 한다.

36 스패너 사용 시의 주의사항으로 틀린 것은?

① 스패너 손잡이에 파이프를 이어서 사용해서는 안 된다.
② 스패너의 입이 너트의 치수에 맞는 것을 사용해야 한다.
③ 스패너는 당기지 말고 밀어서 사용해야 한다.
④ 스패너와 너트 사이에 쐐기를 끼워서 사용해서는 안 된다.

★★★
37 유압모터에서 소음과 진동이 발생할 때의 원인이 아닌 것은?

① 내부 부품의 파손
② 체결 볼트의 이완
③ 작동유 속에 공기의 혼입
④ 펌프의 최고 회전속도 저하

★
38 반드시 건설기계정비업체에서 정비해야 하는 것은?

① 오일의 보충
② 배터리의 교환
③ 창유리의 교환
④ 엔진 탈·부착 및 정비

해설

34 과급기는 흡기 다기관을 통해 각 실린더의 흡입 밸브가 열릴 때마다 신선한 공기가 다량으로 들어갈 수 있도록 해주는 장치이다. 과급기의 부착으로 실린더의 흡입 효율이 좋아져 출력이 증대된다.

35 화물이 커서 시야를 가릴 경우에는 후진으로 주행을 한다.

36 스패너 작업 시 너트에 스패너를 깊이 물리도록 하여 조금씩 앞으로 당기는 식으로 풀고 조이도록 해야 한다.

37 유압모터가 정상적으로 작동하는 상태에서 펌프의 회전속도는 소음과 진동이 발생하는 원인과 관계가 없다.

남은 문제 : 22문항

39 디젤기관에서 부조 발생의 원인이 아닌 것은?

① 발전기 고장
② 거버너 작용 불량
③ 분사시기 조정 불량
④ 연료의 압송 불량

40 지게차가 주행 중 핸들이 흔들리는 이유와 거리가 먼 것은?

① 노면에 요철이 있을 때
② 휠이 휘었을 때
③ 타이어 밸런스가 맞지 않았을 때
④ 포크가 휘어졌을 때

★
41 기계장치에 대한 안전사항으로 사고 발생 원인과 거리가 먼 것은?

① 적합한 공구를 사용하지 않을 때
② 안전장치 및 보호장치가 잘 되어 있지 않을 때
③ 정리 정돈 및 조명장치가 잘 되어 있지 않을 때
④ 기계장치가 너무 넓은 장소에 설치되어 있을 때

42 2줄 걸이로 화물을 인양할 때 각도가 커질 때 걸리는 장력은?

① 장소에 따라 달라진다.
② 증가한다.
③ 관계없다.
④ 감소한다.

★★
43 건설기계조종사의 적성검사 기준에 적합하지 않은 것은?

① 두 눈의 시력이 각각 0.5 이상일 것
② 시야각은 150° 이상일 것
③ 언어분별력이 80% 이상일 것
④ 55db(보청기를 사용하는 사람은 40db)의 소리를 들을 수 있을 것

해설

39 연료라인에 공기가 혼입되면 연료가 불규칙하게 공급되어 부조가 발생한다.
① 발전기는 축전지 충전장치이다.

40 주행 중 핸들이 떨리는 것은 조향장치의 이상이 주원인이다.

41 기계 및 기계장치 사고의 일반적 원인
- 인적 원인 : 교육적 결함, 작업자의 능력 부족, 규율부족, 불안전 동작, 정신적 결함, 육체적 결함
- 물적 원인 : 기계시설의 위험, 구조의 불안전, 보호구의 부적합, 기기의 결함

42 각도가 커지면 커질수록 장력이 커진다.

43 두 눈을 동시에 뜨고 잰 시력(교정시력 포함)이 0.7 이상이고 두 눈의 시력이 각각 0.3 이상일 것. 그밖에 정신질환자 또는 뇌전증환자, 마약 · 대마 · 향정신성의 약품 또는 알코올 중독자가 아닐 것 등이다.

남은 문제 : 17문항

★★
44 지게차에 짐을 싣고 창고 등을 출입할 시의 주의사항으로 틀린 것은?

① 짐이 출입구 높이에 닿지 않도록 한다.
② 손이나 발을 차체 밖으로 내밀지 않는다.
③ 주변의 장애물 상태를 확인하고 나서 출입한다.
④ 출입구의 폭과 차폭을 고려하지 않는다.

45 라디에이터 압력식 캡의 사용 목적으로 옳은 것은?

① 엔진온도를 높인다.
② 공기밸브를 작동하게 한다.
③ 냉각수의 비등점을 높인다.
④ 물재킷을 열어준다.

46 유압실린더 등이 중력에 의한 자유낙하를 방지하기 위해 배압을 유지하는 압력제어밸브는?

① 릴리프밸브 ② 감압밸브
③ 카운터 밸런스밸브 ④ 시퀀스밸브

47 건설기계의 겨울철 주행 요령으로 옳지 않은 것은?

① 빙판길에서는 신속히 통과를 한다.
② 출발은 부드럽게 천천히 한다.
③ 주행 시 충분한 차간거리를 확보한다.
④ 다른 차량과 나란히 주행하지 않는다.

★★★
48 여러 사람이 물건을 공동으로 운반할 때의 안전사항과 거리가 먼 것은?

① 명령과 지시는 한 사람이 한다.
② 최소한 한 손으로는 물건을 받친다.
③ 앞사람에게 적게 부하가 걸리도록 한다.
④ 긴 화물은 같은 쪽의 어깨에 올려서 운반한다.

해설

44 출입구의 폭과 차폭을 확인하여 통행 시에 부딪히지 않도록 해야 한다.

45 라디에이터 압력식 캡은 냉각수 주입구 뚜껑으로 냉각장치 내의 비등점을 높이고 냉각 범위를 넓히기 위함으로 압력이 낮을 때 압력밸브와 진공밸브는 스프링의 장력으로 각각 시트에 밀착되어 냉각장치 기밀을 유지하게 한다.

46 카운터 밸런스밸브는 유압회로 내의 오일 압력을 제어하는 압력제어밸브의 일종으로, 윈치나 유압실린더 등의 자유낙하를 방지하기 위하여 배압을 유지하는 제어밸브이다.

47 겨울철 노면이 얼어붙은 경우에는 최고속도의 50/100 감속하여 안전 운행을 해야 한다.

48 여러 사람이 물건을 운반할 때에는 통일된 동작을 위해 한 사람만이 지시를 내려야 하고, 모든 사람이 동일한 부하를 담당해야 한다. 또한 두 손을 모두 한 방향을 잡는 데 쓰지 않고 최소한 한 손은 물건을 받치는 데 써야 한다.

남은 문제 : 12문항

★★★★★
49 지게차 운전 종사자 준수사항으로 틀린 것은?

① 기관 시동 전 유압유의 유량과 상태를 점검한다.
② 시동 후 각종 레버와 페달의 작동 상태를 점검한다.
③ 운전 중 경고등이 점등하면 즉시 정차 후 점검한다.
④ 운전을 마친 다음에는 시동을 끄고 키는 꽂아 놓는다.

★★
50 직류발전기에 비교하여 교류발전기의 장점이 아닌 것은?

① 소형이며 경량이다.
② 브러시의 수명이 길다.
③ 전류조정기만 있으면 된다.
④ 저속 시에도 충전이 가능하다.

51 틸트 레버를 운전수 몸 쪽으로 당기면 지게차는 어떻게 작동하는가?

① 포크의 경사각이 아래로 내려간다.
② 포크의 경사각이 위로 올라간다.
③ 포크가 아래로 내려간다.
④ 포크가 위로 올라간다.

★★
52 다음 도로명판(Jong-ro 200m)에 대한 설명으로 옳은 것은?

종로 200m
Jong-ro

① 현위치는 종로 도로 끝점이 200m에 있음
② 현위치는 종로 200m 전방에 교차로 있음
③ 현위치에서 200m 전방에 종로가 있음
④ 현위치에서 우측으로 200m 우회전하면 종로

53 지게차 중 특수건설기계에 해당하는 것은?

① 리치지게차
② 전동식 지게차
③ 트럭지게차
④ 텔레스코픽 지게차

해설

49 지게차 운행 종료 이후에는 반드시 키를 빼서 지정된 보관 장소에 둔다.

50 교류발전기의 장점
- 소형이며 경량이다.
- 브러시의 수명이 길다.
- 전압조정기만 있으면 된다.
- 저속 시에도 충전이 가능하다.
- 출력이 크고 고속회전에 잘 견딘다.

51 틸트 레버는 포크의 경사를 조절하여 적재물이 떨어지지 않게 하는 레버이다. 앞으로 밀면 포크의 경사각이 바깥쪽(아래로)으로 향하고, 뒤로 잡아당기면 경사각이 안쪽(위로)으로 향한다. 그리고 리프트 레버는 앞으로 밀면 포크가 아래로 내가가고, 뒤로 잡아당기면 포크가 위로 올라가게 된다.

52 예고용 도로명판이다.

53 트럭지게차 : 운전석이 있는 주행차대에 별도의 조종석을 포함한 들어올림 장치를 가진 차이다.

남은 문제 : 07문항

★
54 타이어의 뼈대와 같은 역할을 하고 전체의 하중을 지지하며 주행 중 노면 충격에 따라 변형되어 완충 작용을 하는 부분은?

① 카커스 ② 브레이커
③ 비드 ④ 트레드

★★★
55 액추에이터의 의미로 맞는 것은?

① 유체에너지 생성
② 유체에너지 축적
③ 유체에너지를 기계적 에너지로 전환
④ 유체에너지를 전기적 에너지로 전환

56 중량물을 들어 올리거나 내릴 때 손이나 발이 중량물과 지면 등에 끼어 발생하는 재해는?

① 낙하 ② 협착
③ 충돌 ④ 전도

★★
57 지게차 작업장치의 동력전달기구가 아닌 것은?

① 리프트 체인 ② 틸트 실린더
③ 리프트 실린더 ④ 트랜치호

58 건설기계 조종 중 고의로 인명피해를 입힌 경우 처분으로 옳은 것은?

① 면허효력정지 30일
② 면허효력정지 15일
③ 면허취소
④ 면허효력정지 60일

해설

54 카커스는 튜브와 고압 공기에 견디고 하중 · 충격에 변형되어 완충 작용을 한다.

55 액추에이터는 유체에너지를 이용하여 기계적인 작업을 하는 기기를 말한다.

56 낙하는 떨어지는 물체에 맞는 경우, 충돌은 사람이나 장비가 정지한 물체에 부딪히는 경우, 전도는 사람이나 장비가 넘어지는 경우를 말한다.

57 트랜치호는 기중기의 작업장치로 도랑 파기 작업에 사용한다.

58 건설기계 조종 중 고의로 사망 · 중상 · 경상 등 인명피해를 입힌 경우에는 면허취소이다.

남은 문제 : 02문항

★★★★
59 지게차의 일상 점검사항이 아닌 것은?

① 타이어 손상 및 공기압 점검
② 틸트 실린더의 오일 누유 상태
③ 토크 컨버터의 오일 점검
④ 작동유의 양

60 유압제어밸브에 해당하지 않은 것은?

① 교축 밸브
② 릴리프 밸브
③ 카운터밸런스 밸브
④ 시퀀스 밸브

해설

59 토크 컨버터는 유체클러치에서 오일에 의해 엔진의 동력을 변속기로 전달하는 장치이다. 특수 정비사항에 해당한다.

60 교축 밸브(스로틀밸브)는 유량제어밸브로서 내부의 스로틀밸브가 움직여져 유도 면적을 바꿈으로써 유량이 조정되는 밸브이다.
② 릴리프 밸브 : 회로 압력을 일정하게 하거나 최고압력을 규제해서 각부 기기를 보호한다.
③ 카운터밸런스 밸브 : 배압을 유지하는 제어밸브이다.
④ 시퀀스 밸브 : 2개 이상의 분기회로를 갖는 회로 내에서 작동순서를 회로의 압력 등에 의해 제어하는 밸브이다.

제4회 CBT 최신 경향 모의고사

★★
01 다음 중 '안전거리'에 대한 정의로 옳은 것은?

① 위험을 발견하고 브레이크가 작동되어 차량이 정지할 때까지의 거리
② 앞차가 갑자기 정지하게 될 경우 그 앞차와의 추돌을 방지하기 위해 필요한 거리
③ 옆 차로의 차량이 끼어들기를 했을 때 충돌을 피할 수 있는 거리
④ 위험을 발견하고 브레이크 페달을 밟아 브레이크가 작동하는 순간까지의 거리

02 다음 중 경유를 연료로 하는 기관은?

① 디젤기관　② 랭킨기관
③ 재열 · 재생기관　④ 가솔린기관

★★★
03 타이어식 건설기계에서 앞바퀴 정렬의 장점과 거리가 먼 것은?

① 브레이크의 수명을 길게 한다.
② 타이어 마모를 최소로 한다.
③ 방향 안정성을 준다.
④ 조향핸들의 조작을 작은 힘으로 쉽게 할 수 있다.

★
04 건설기계를 검사유효기간 만료 후에 계속 운행하고자 할 때는 어느 검사를 받아야 하는가?

① 정기검사　② 계속검사
③ 수시검사　④ 신규등록검사

05 산업재해의 요인 중 성격이 다른 것은?

① 작업장의 환경 불량　② 시설물의 불량
③ 작업 방법의 불량　④ 공구의 불량

해설

01 ① 제동거리
④ 공주거리

02 디젤기관은 경유를 연료로 사용한다. 열효율이 높고 출력이 커서 건설기계, 대형차량, 선박, 농기계의 기관으로 많이 사용되고 있다.

03 타이어식 건설기계에서 앞바퀴 정렬의 요소는 토인, 캠버, 캐스터, 킹핀 경사각 등으로 브레이크의 수명과는 관련이 없다.

04 건설공사용 건설기계로서 3년의 범위에서 국토교통부령으로 정하는 검사유효 기간이 끝난 후에 계속하여 운행하고자 할 때에는 정기검사를 받아야 한다.

05 산업재해의 발생 요인은 인적(관리상, 생리적, 심리적) 요인과 환경적 요인으로 나눌 수 있다. ①, ②, ④는 환경적 요인에 해당한다.

남은 문제 : 55문항

06 시동전동기에서 전기자 철심을 여러 층으로 겹쳐서 만드는 이유는?

① 자력선 감소
② 코일 발열 방지
③ 맴돌이 전류 감소
④ 자력선 통과 차단

★★★★
07 지게차 전면부 마스트 주변을 구성하는 부품이 아닌 것은?

① 포크　② 카운터 웨이트
③ 백레스트　④ 핑거 보드

★★★★
08 유압유의 구비조건으로 틀린 것은?

① 비압축성일 것
② 인화점이 낮을 것
③ 점도지수가 높을 것
④ 방청 및 방식성이 있을 것

09 유체의 에너지를 이용하여 기계적인 일로 변환하는 기기는?

① 유압모터　② 근접 스위치
③ 유압탱크　④ 유압펌프

10 지게차의 전경각과 후경각을 조절하는 레버는?

① 리프트 레버　② 틸트 레버
③ 변속 레버　④ 전후진 레버

11 안전보건표지의 지시표지이다. 해당하는 것은?

① 귀마개 착용
② 보안면 착용
③ 보안경 착용
④ 안전모 착용

해설

06 전기자 철심은 자력선을 원활하게 통과시키고, 맴돌이 전류를 감소시키기 위해 0.35~1.00mm의 얇은 철판을 각각 절연하여 겹쳐 만든다.

07 카운터 웨이트는 지게차의 맨 뒤쪽에 설치되는 평형추로서 화물의 중량으로 인하여 균형이 앞으로 쏠리는 것을 방지하는 역할을 한다.

08 유압 작동유의 구비조건
- 비압축성일 것
- 내열성이 크고 거품이 적을 것
- 점도지수가 높을 것
- 방청 및 방식성이 있을 것
- 적당한 유동성과 점성이 있을 것
- 온도에 의한 점도 변화 적을 것
- 인화점이 높을 것

09 유압모터는 유압에너지를 이용하여 기계적인 일로 변환하여 연속적으로 회전운동을 시키는 기기이다.

11 산업안전보건법상 안전보건표지의 종류는 금지표지, 경고표지, 지시표지, 안내표지 등이 있다.

남은 문제 : 49문항

12 클러치 디스크 라이닝의 구비조건으로 틀린 것은?

① 내마멸성, 내열성이 적을 것
② 알맞은 마찰계수를 갖출 것
③ 온도에 의한 변화가 적을 것
④ 내식성이 클 것

★★
13 디젤기관의 장점에 대한 설명으로 틀린 것은?

① 연료 소비량이 가솔린기관보다 적다.
② 열효율이 가솔린기관보다 높다.
③ 연료의 인화점이 높아 취급이 용이하다.
④ 운전 중 진동과 소음이 작다.

★★★
14 다음 중 유량제어밸브에 해당하는 것으로만 묶인 것은?

ㄱ. 리듀싱밸브	ㄴ. 분류밸브
ㄷ. 스로틀밸브	ㄹ. 체크밸브

① ㄱ, ㄴ, ㄹ　　② ㄴ, ㄷ
③ ㄴ, ㄷ, ㄹ　　④ ㄷ, ㄹ

15 지게차의 체인장력 조정법으로 틀린 것은?

① 좌 · 우 체인이 동시에 평행한가를 확인한다.
② 포크를 지상에서 10~15cm 올린 후 조정한다.
③ 손으로 체인을 눌러 양쪽이 다르면 조정 너트로 조정한다.
④ 체인장력 조정 후에는 로크 너트를 풀어둔다.

★
16 시 · 도지사는 정기검사에 불합격된 건설기계의 소유자에게 며칠 이내에 정비명령을 해야 하는가?

① 5일　　② 10일
③ 30일　　④ 60일

해설

12 클러치 디스크 라이닝(페이싱)은 마모에 강해야 하고, 부식이 잘 되지 않아야 하며 마찰로 인해 발생하는 고열을 잘 견뎌낼 수 있어야 한다.

13 디젤기관은 가솔린기관에 비해 평균 압력 및 회전속도가 낮으며 운전 중 진동과 소음이 큰 단점이 있다.

14 유량제어밸브는 회로 내에 흐르는 유량을 변화시켜서 액추에이터의 움직이는 속도를 바꾸는 밸브이다. 대표적으로 스로틀밸브(교축밸브), 분류밸브, 압력 보상부 유량제어밸브 등이 있다.
ㄱ. 리듀싱밸브 : 압력제어밸브
ㄹ. 체크밸브 : 방향제어밸브

15 체인의 장력을 조정한 후에는 반드시 로크 너트를 고정시켜야 한다.

16 시 · 도지사는 검사에 불합격된 건설기계에 대해서는 31일 이내의 기간을 정하여 해당 건설기계의 소유자에게 검사를 완료한 날(검사를 대행하게 한 경우에는 검사결과를 보고받은 날)부터 10일 이내에 정비명령을 해야 한다(건설기계관리법 시행규칙 제31조제1항).

남은 문제 : 44문항

★★★★★

17 **지게차 주행 시 포크의 높이로 가장 적절한 것은?**

① 지면으로부터 20~30cm 정도 높인다.
② 지면으로부터 50~60cm 정도 높인다.
③ 지면으로부터 70~80cm 정도 높인다.
④ 지면으로부터 최대한 높이도록 한다.

18 **유압장치에서 작동 및 움직임이 있는 곳의 연결관으로 적합한 것은?**

① PVC 호스　② 구리 파이프
③ 플렉시블 호스　④ 납 파이프

19 **전동식 지게차 동력전달의 순서로 맞는 것은?**

① 축전지 → 구동모터 → 변속기 → 종감속 기어 및 차동장치 → 컨트롤러 → 앞구동축 → 앞바퀴
② 축전지 → 구동모터 → 변속기 → 종감속 기어 및 차동장치 → 컨트롤러 → 뒤구동축 → 뒷바퀴
③ 축전지 → 컨트롤러 → 구동모터 → 변속기 → 종감속 기어 및 차동장치 → 앞구동축 → 앞바퀴
④ 축전지 → 컨트롤러 → 구동모터 → 변속기 → 종감속 기어 및 차동장치 → 뒤구동축 → 뒷바퀴

★★

20 **유압펌프 중 플런저 펌프에 대한 설명으로 틀린 것은?**

① 가변 용량이 가능하다.
② 가장 고압, 고효율이다.
③ 다른 펌프에 비해 수명이 짧다.
④ 부피가 크고 무게가 많이 나간다.

21 **등록전 건설기계의 임시운행 허가 사유에 해당하지 않은 것은?**

① 건설기계에 대한 교육을 목적으로 운행하는 경우
② 수출을 하기 위하여 등록말소한 건설기계를 정비의 목적으로 운행하는 경우
③ 수출을 하기 위해 선적지로 운행하는 경우
④ 판매 또는 전시를 위하여 일시적으로 운행하는 경우

해설

17 지게차의 포크를 높이 들어 올리면 화물을 떨어뜨리는 등의 사고를 유발할 수 있으므로 주행 시 지면으로부터 20~30cm 정도 높이를 유지해야 한다.

18 유압장치에서 연결관은 움직임이 많은 곳에서 자유롭게 구부러질 수 있는 플렉시블 호스가 이용된다.

20 플런저 펌프의 장점
- 가변 용량 가능
- 가장 고압, 고효율
- 다른 펌프에 비해 수명 길다.

플런저 펌프의 단점
- 흡입 성능 나쁘고, 구조 복잡
- 소음이 큼
- 최고 회전속도 약간 낮음

21 건설기계를 교육 · 연구 목적으로 사용하는 경우는 그 소유자의 신청이나 시 · 도지사의 직권으로 등록을 말소할 수 있다(건설기계관리법 제6조).

남은 문제 : 39문항

해설

★★
22 다음에 해당하는 원형등화 신호의 종류로 맞는 것은?

> 차마는 정지선이나 횡단보도가 있을 때에는 그 직진이나 교차로의 직전에 일시정지한 후 다른 교통에 주의하면서 진행할 수 있다.

① 황색의 등화 ② 적색의 등화
③ 황색등화의 점멸 ④ 적색등화의 점멸

23 작업과 안전 보호구의 연결이 잘못된 것은?

① 산소 부족 장소 – 공기 마스크 착용
② 10m 높이에서 작업 – 안전벨트 착용
③ 그라인딩 작업 – 보안경 착용
④ 아크 용접 – 도수없는 투명 보안경

23 아크 용접을 할 때는 다량의 자외선이 포함된 강한 빛이 발생하기 때문에 눈이 상할 수 있다. 그러므로 헬멧이나 실드를 사용해야 하며 보안경을 선택할 때는 차광 기능이 포함된 것을 사용해야 한다.

24 4행정 사이클기관에서 엔진이 4,000rpm일 때 분사펌프의 회전 수는?

① 8,000rpm ② 4,000rpm
③ 1,000rpm ④ 2,000rpm

24 4행정 사이클기관에서는 엔진이 두 바퀴 돌 동안 한 번의 폭발이 일어난다. 즉, 한 번의 폭발을 위해서는 한 번의 연료 분사가 필요하므로 엔진이 두 바퀴 돌 동안 한 번의 연료 분사가 일어난다.

★★★
25 캐리지에 달려있는 2개의 L자형 작업장치는?

① 포크 ② 리프트 체인
③ 마스트 ④ 카운터 웨이트

25 지게차의 포크는 핑거 보드에 체결되어 화물을 받쳐 드는 부분으로 L자형으로 2개가 있다.

★
26 건설기계의 조종 중 사고로 경상2명의 인명피해가 발생하였을 경우 처분은?

① 면허효력정지 5일 ② 면허효력정지 10일
③ 면허효력정지 15일 ④ 면허효력정지 45일

26 경상 1명마다 면허효력정지 5일의 처분을 받는다. 경상 2명의 처분은 면허효력 정지 10일이다.
중상 1명마다는 면허효력정지 15일, 사망 1명마다는 면허효력정지 45일의 처분이 적용된다.

27 유압유에 함유된 불순물을 제거하기 위해 설치된 장치는?

① 부스터 ② 여과기
③ 축압기 ④ 냉각기

27 여과기(오일필터)는 유압유가 순환하는 과정에서 함유하게 되는 수분, 금속 분말, 슬러지 등을 제거한다. 흡입 스트레이너, 고압필터, 저압필터, 자석 스트레이너 등이 있다.

남은 문제 : 33문항

28 옴의 법칙은? (V : 전압, I : 전류, R : 저항)

① R = V × I ② V = I × R
③ I = R × V ④ V = I − R

★★★
29 수공구 중 드라이버 사용상 안전하지 않은 것은?

① 날 끝이 수평이어야 한다.
② 전기 작업 시 절연된 자루를 사용한다.
③ 날 끝이 홈의 폭과 길이가 같은 것을 사용한다.
④ 전기 작업 시 금속 부분이 자루 밖으로 나와 있어야 한다.

★★★★
30 지게차의 조종 레버에 대한 설명으로 틀린 것은?

① 틸팅(tilting) – 짐을 기울일 때 사용
② 로어링(lowering) – 짐을 내릴 때 사용
③ 덤핑(dumping) – 짐을 옮길 때 사용
④ 리프팅(lifting) – 짐을 올릴 때 사용

31 피스톤의 구비조건이 아닌 것은?

① 고온 · 고압에 잘 견딜 것
② 열팽창률이 적을 것
③ 피스톤의 중량이 클 것
④ 오일의 누출이 없을 것

★★★
32 건설기계등록의 말소를 신청하고자 할 때 제출서류가 아닌 것은?

① 건설기계등록증
② 건설기계제작증
③ 건설기계검사증
④ 등록말소 신청사유를 확인할 수 있는 서류

33 클러치가 전달할 수 있는 토크 용량으로 적합한 것은?

① 1.5~2.5배 정도 ② 2.5~3.5배 정도
③ 3.5~4.5배 정도 ④ 4.5~5.5배 정도

해설

28 전류의 세기는 두 점 사이의 전위차에 비례하고, 전기저항에 반비례한다는 법칙이다.

$I = \frac{V}{R}$, $V = IR$, $R = \frac{V}{I}$

29 전기 작업을 할 때는 절연손잡이로 된 드라이버를 사용한다.

30 로어링과 리프팅은 리프트 레버로 포크를 내리거나 올리는 조작이며, 틸팅은 틸트 레버로 마스트를 전경 또는 후경시키는 조작이다.

31 ③ 피스톤의 무게가 가벼워 관성력이 작아야 한다.

32 건설기계제작증은 건설기계를 등록할 때 필요한 서류이다.
시 · 도지사가 건설기계의 등록을 말소하는 경우에는 건설기계등록원부의 등록원부등본교부란에 말소에 관한 사항을 기재하고 등록사항변경란을 붉은선으로 지워야 한다(건설기계관리법 시행규칙 제9조제2항).

33 클러치가 전달할 수 있는 토크 용량은 보통 엔진의 최대 토크 보다 1.5~2.5배 정도이다. 용량이 너무 크면 클러치 조작이 어렵고 동력 연결 시 충격으로 인해 엔진이 정지하기 쉬우며 반대로 용량이 너무 작으면 클러치가 미끄러져 동력을 충분히 전달할 수 없다.

남은 문제 : 27문항

★
34 12V 축전지의 구성(셀수)은 어떻게 되는가?

① 약 4V의 셀이 3개로 되어 있다.
② 약 3V의 셀이 4개로 되어 있다.
③ 약 2V의 셀이 6개로 되어 있다.
④ 약 6V의 셀이 2개로 되어 있다.

35 안전상 면장갑을 착용하고 작업할 경우 위험성이 높은 작업은?

① 용접 작업 ② 판금 작업
③ 줄 작업 ④ 해머 작업

36 가스 누설을 가장 적확하게 알아낼 수 있는 방법으로 가장 적합한 것은?

① 기름을 발라본다. ② 비눗물을 발라본다.
③ 냄새를 맡아본다. ④ 촛불을 대어본다.

★★★★
37 도로교통법상 서행해야할 장소로 틀린 것은?

① 가파른 비탈길의 내리막
② 도로가 구부러진 부근
③ 다리 위를 통행할 때
④ 교통정리를 하고 있지 않는 교차로

38 지게차에서 리프트 실린더의 주된 역할은?

① 포크를 위, 아래로 이동시킨다.
② 포크를 앞 · 뒤로 기울게 한다.
③ 마스트를 틸트시킨다.
④ 마스트를 이동시킨다.

★★
39 다음 중 유압모터의 장점이 아닌 것은?

① 공기, 먼지 침투에 영향을 받지 않는다.
② 무단 변속이 용이하다.
③ 속도나 방향제어가 용이하다.
④ 소형 · 경량으로서 큰 출력을 낼 수 있다.

해설

34 일반적으로 12V 축전지의 셀은 6개로 구성되어 있다.

35 안전상 선반 작업, 드릴 작업, 목공기계 작업, 그라인더 작업 등은 면장갑 착용을 금지한다.

36 가스누설 위험 부위에 비눗물을 칠하면 거품이 발생하게 되어 누설 부위를 확인할 수 있다.

37 서행해야 할 장소
- 도로가 구부러진 부근
- 교통정리를 하고 있지 않는 교차로
- 비탈길의 고갯마루 부근
- 가파른 비탈길의 내리막
- 시 · 도경찰청장이 안전표지로 지정한 곳

38 지게차의 작업장치 가운데 리프트 실린더는 포크를 상승 및 하강시키는 역할을 한다.

39 유압모터의 단점
- 작동유가 인화하기 쉽다.
- 공기, 먼지가 침투하면 성능에 영향을 준다.
- 작동유의 점도 변화에 의해 유압모터의 사용에 제약이 있다.

남은 문제 : 21문항

★★★★★

40 건설기계 대여사업용 등록번호표 색에 해당하는 것은?

① 녹색 바탕에 흰색문자
② 적색 바탕에 흰색문자
③ 흰색 바탕에 검은색 문자
④ 주황색 바탕에 검은색 문자

41 기관에 사용되는 윤활유의 구비조건으로 옳지 않은 것은?

① 온도에 의하여 점도가 변하지 않아야 한다.
② 자연발화점이 높고 기포 발생이 적어야 한다.
③ 인화점이 낮아야 한다.
④ 응고점이 낮아야 한다.

★★

42 동력전달장치에서 추진축 길이의 변동을 흡수하도록 되어 있는 장치는?

① 자제이음 ② 슬립이음
③ 2중 십자이음 ④ 차축

43 목재, 종이, 석탄 등 재를 남기는 일반 가연물의 화재에 대한 분류로 적합한 것은?

① A급 화재 ② B급 화재
③ C급 화재 ④ D급 화재

44 최고속도의 100분의 50을 줄인 속도로 운행해야 하는 경우가 아닌 것은?

① 노면이 얼어붙은 경우
② 눈이 20mm 이상 쌓인 경우
③ 폭우, 폭설, 안개 등으로 가시거리가 100m 이내인 경우
④ 비가 내려 노면이 젖어 있는 경우

해설

40 건설기계 등록번호표 색상이 비사업용(관용/자가용)은 흰색 바탕에 검은색 문자, 대여사업용은 주황색 바탕에 검은색 문자를 기준으로 한다(2022.05.25.개정/2022.11.26. 시행).

41 윤활유의 구비조건
- 비중과 점도가 적당하고 청정력이 클 것
- 인화점 및 자연발화점 높고 기포 발생 적을 것
- 응고점이 낮고 열과 산에 대한 저항력 클 것

42 슬립이음은 변속기 출력축의 스플라인에 설치되어 축 방향으로 이동되면서 드라이브 라인의 길이 변화에 대응하는 이음을 말한다.

43 화재의 분류 : 일반화재(A급 화재), 유류 화재(B급 화재), 전기 화재(C급 화재), 금속 화재(D급 화재)

44 비가 내려 노면이 젖어 있는 경우와 눈이 20mm 미만 쌓인 경우는 최고속도의 100분의 20을 줄인 속도로 운행해야 한다(도로교통법 시행규칙 제19조제2항)

남은 문제 : 16문항

★★★
45 둥근목재, 파이프 등의 화물을 운반 및 적재하는 데 적합한 장치는?

① 로드 스태빌라이저
② 힌지 버킷
③ 힌지 포크
④ 로테이팅 클램프

46 디젤기관에서 감압장치의 기능으로 가장 적절한 것은?

① 크랭크축을 느리게 회전시킬 수 있다.
② 타이밍 기어를 원활하게 회전시킬 수 있다.
③ 캠축을 원활히 회전시킬 수 있는 장치이다.
④ 밸브를 열어주어 가볍게 회전시킨다.

47 건설기계관리법상 '건설기계형식' 정의로 옳은 것은?

① 건설기계의 구조
② 건설기계의 규격
③ 건설기계의 구조 · 규격
④ 건설기계의 구조 · 규격 및 성능

★★★★
48 사이드 포크형 지게차의 후경각은 몇 ° 이하인가?

① 8°
② 10°
③ 1°
④ 5°

★★
49 유압 도면기호에서 압력스위치를 나타낸 것은?

① 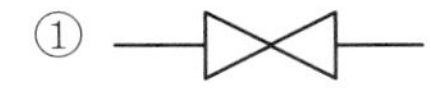
② 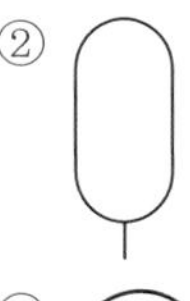
③ 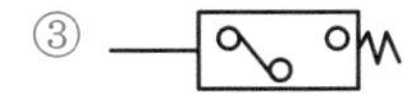
④ 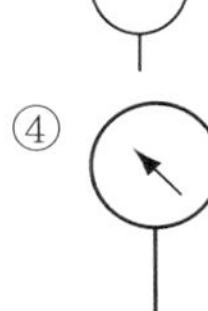

해설

45 ① 로드 스태빌라이저 : 포크 상단에 상하로 작동 가능한 압력판을 부착하여 안전하게 화물을 운반 적재할 수 있다.
② 힌지 버킷 : 석탄, 소금, 비료, 모래 등 흘러내리기 쉬운 화물의 운반용이다.
④ 로테이팅 클램프 : 원추형의 화물을 좌우로 조이거나 회전시켜 운반하고 적재하는데 이용한다.

46 감압장치는 기관을 시동할 때 감압시켜 시동전동기에 무리가 가는 것을 방지하고, 기관 등의 고장을 점검하고자 할 때 크랭크축을 가볍게 회전시킬 수 있도록 한다.

47 '건설기계형식'이란 건설기계의 구조 · 규격 및 성능 등에 관하여 일정하게 정한 것을 말한다(건설기계관리법 제2조제9호).

48 사이드 포크형 지게차의 전경각 및 후경각은 각각 5° 이하일 것이며 카운터밸런스 지게차의 전경각은 6° 이하, 후경각은 12° 이하여야 한다(건설기계 안전기준에 관한 규칙 제20조제3항).

49 ① 스톱밸브 기호
② 어큐뮬레이터 기호
③ 압력스위치
④ 유압압력계 기호

남은 문제 : 11문항

★

50 건설기계의 높이를 정의한 것이다. 가장 적당한 것은?

① 지면에서 가장 윗부분까지의 수직 높이
② 지면에서부터 적재할 수 있는 최고의 높이
③ 뒷바퀴의 윗부분에서 가장 윗부분까지의 수직 높이
④ 앞 차축의 중심에서 가장 윗부분까지의 높이

51 연삭작업에 대한 설명으로 옳지 않은 것은?

① 누를 때 힘이 들어가지 않도록 한다.
② 옆면을 사용하지 않는다.
③ 숫돌의 측면에 서서 작업을 한다.
④ 연삭기의 덮개를 벗긴 채 사용을 한다.

★★★★

52 교통사고로 사상자 발생 시 운전자가 취해야할 조치 순서는?

① 즉시정차 – 위해방지 – 신고
② 즉시정차 – 사상자 구호 – 신고
③ 즉시정차 – 신고 – 위해방지
④ 증인확보 – 정차 – 사상자 구호

★★

53 출발지 관할경찰서장이 안전기준을 초과하여 운행할 수 있도록 허가하는 사항에 해당하지 않는 것은?

① 적재중량 ② 운행속도
③ 승차인원 ④ 적재용량

54 야간작업시 헤드라이트가 한 쪽만 점등되었다. 고장 원인으로 가장 거리가 먼 것은?(단, 헤드램프 퓨즈가 좌, 우측으로 구성됨)

① 전구 불량 ② 전구 접지 불량
③ 회로의 퓨즈 단선 ④ 헤드라이트 스위치 불량

★

55 계기판 구성 내용에 해당하지 않는 것은?

① 연료량 게이지 ② 냉각수 온도 게이지
③ 실린더 압력계 ④ 충전 경고등

해설

50 ① "높이"란 작업장치를 부착한 자체중량 상태의 건설기계의 가장 위쪽 끝이 만드는 수평면으로부터 지면까지의 최단거리를 말한다(건설기계안전기준규칙 제2조).

51 연삭 작업을 할 때 구조규격에 맞는 덮개를 설치하고 작업을 해야 한다. 연삭 숫돌 설치 후 약 3분 정도 공회전하여 안전한지를 살펴야 하며 연삭 숫돌과 받침대의 간격은 3mm 이내로 유지해야 한다. 또한, 보안경과 분진의 흡입을 막기 위해 방진마스크를 착용해야 한다.

52 교통사고 발생 시 즉시 정차 후의 조치

1. 사상자를 구호하는 등 필요한 조치
2. 피해자에게 인적 사항(성명, 전화번호, 주소 등)제공
3. 지체없이 경찰공무원, 가까운 국가경찰관서에 신고

53 모든 차의 운전자는 승차 인원, 적재중량 및 적재용량에 관하여 대통령령으로 정하는 운행상의 안전기준을 넘어서 승차시키거나 적재한 상태로 운전하여서는 아니 된다. 다만, 출발지를 관할하는 경찰서장의 허가를 받은 경우에는 그러하지 아니하다.

54 일반적으로 건설기계에 설치되는 좌·우 전조등은 병렬로 연결된 복선식 구성으로 되어있다. 헤드라이트 스위치 불량일 경우에는 전체가 점등이 되지 않는다.

55 지게차 계기판의 구성은 연료 잔량 표시, 냉각수 온도 표시, 충전 경고등, 엔진오일 경고등, 가동시간 표시, 주차브레이크 적용 표시등, 이상 고장 경고등, 전·후방작업등, 동작표시등 등으로 되어 있다.

남은 문제 : 05문항

56 다음 도로명판에 대한 설명으로 옳지 않은 것은?

1←65 대명로23번길

① 대명로 시작점 부근에 설치된다.
② 대명로는 총 650m이다.
③ 대명로 종료지점에 설치된다.
④ 대명로 시작지점에서부터 230m지점에서 왼쪽으로 분기된 도로이다.

57 정비 작업에서 렌치 사용에 대한 설명으로 틀린 것은?

① 너트에 렌치를 깊이 물린다.
② 렌치를 해머로 두드려서는 안 된다.
③ 너트보다 큰 치수를 사용한다.
④ 높거나 좁은 장소에서는 몸을 안전하게 하고 작업한다.

★★★
58 지게차의 조향핸들의 조작이 무거울 때 가볍고 원활하게 하는 방법과 가장 거리가 먼 것은?

① 종감속 장치를 사용한다.
② 바퀴의 정렬을 정확히 한다.
③ 타이어의 공기압을 적정압으로 한다.
④ 동력조향을 사용한다.

★★
59 현장에서 오일의 열화현상에 대한 점검사항으로 거리가 먼 것은?

① 오일의 점도　② 오일의 유동
③ 오일의 색　④ 오일의 냄새

60 작업 전 지게차의 워밍업 운전 및 점검사항으로 틀린 것은?

① 틸트 레버를 사용하여 전 행정으로 전후 경사운동 2~3회 정도 실시한다.
② 리프크 레버를 사용하여 상승, 하강 운동을 전 행정으로 2~3회 정도 실시한다.
③ 시동 후 작동유의 유온을 정상 범위 내에 도달하도록 고속으로 전 후진 주행을 2~3회 정도 실시한다.
④ 엔진 작동 후 5분간 저속 운전을 실시한다.

해설

56 제시된 도로명판은 대명로 종료지점에 설치된다.

57 렌치는 너트 크기에 알맞은 렌치를 사용하고, 작업 시 몸 쪽으로 당기면서 볼트·너트를 조이도록 한다.

58 타이어식 조향핸들의 조작을 무겁게 하는 원인은 타이어의 공기압이 적정압보다 낮아졌거나 바퀴 정렬 즉, 얼라인먼트가 제대로 이루어지지 않았기 때문이다. 또한 동력조향을 이용하면 핸들 조작은 쉽게 가벼워질 수 있다. 종감속 장치는 동력전달 계통에서 사용한다.

59 현장에서 오일의 열화는 점도의 확인, 자극적인 악취 냄새 유무 확인, 색깔의 변화나 수분·침전물의 유무 확인, 흔들었을 때 거품이 없는지 등을 확인해야 한다.

60 워밍업은 차가운 엔진을 정상범위의 온도에 도달하게 하기 위한 과정이다. 갑자기 차가운 엔진을 고속으로 회전시키면 엔진에 손상이 가해 질수 도 있다.

60문항 60분

제5회 CBT 최신 경향 모의고사

★★

01 지게차를 운전하여 화물 운반 시 주의사항으로 적합하지 않은 것은?

① 노면이 좋지 않을 때는 저속으로 운행한다.
② 경사지 운전 시 화물을 위쪽으로 한다.
③ 화물 운반 거리는 5m 이내로 한다.
④ 노면에서 약 20~30cm 상승 후 이동한다.

02 무한궤도식에 리코일 스프링을 이중 스프링으로 사용하는 이유로 가장 적합한 것은?

① 강한 탄성을 얻기 위해서
② 서징 현상을 줄이기 위해서
③ 스프링이 잘 빠지지 않게 하기 위해서
④ 강력한 힘을 축적하기 위해서

★★★★

03 다음 중 건설기계정비업의 등록구분이 맞는 것은?

① 종합건설기계정비업, 부분건설기계정비업, 전문건설기계정비업
② 종합건설기계정비업, 단종건설기계정비업, 전문건설기계정비업
③ 부분건설기계정비업, 전문건설기계정비업, 개별건설기계정비업
④ 종합건설기계정비업, 특수건설기계정비업, 전문건설기계정비업

★

04 건설기계의 임시운행 사유에 해당되는 것은?

① 작업을 위하여 건설현장에서 건설기계를 운행할 때
② 정기검사를 받기 위하여 건설기계를 검사장소로 운행할 때
③ 등록신청을 위하여 건설기계를 등록지로 운행할 때
④ 등록말소를 위하여 건설기계를 폐기장으로 운행할 때

★★

05 타이어식 건설기계 정비에서 토인에 대한 설명으로 틀린 것은?

① 토인은 반드시 직진 상태에서 측정해야 한다.
② 토인은 직진성을 좋게 하고 조향을 가볍도록 한다.
③ 토인은 좌·우 앞바퀴의 간격이 앞보다 뒤가 좁은 것이다.
④ 토인 조정이 잘못되었을 때 타이어가 편마모된다.

해설

01 지게차는 주로 가벼운 화물의 단거리 운반 및 적재, 적하를 위한 건설기계이다. 그렇다고 해서 운반 거리를 5m 이하로 하는 주의사항은 적용되지 않는다. 다만 노면 상태에 따라 하부에 지게차 포크 등이 걸리지 않도록 20~30cm 올려 운반해야 한다.

02 리코일 스프링은 주행 중 트랙 전면에서 오는 충격을 완화하여 차체의 파손을 방지하고 원활한 운전이 될 수 있도록 한다. 스프링을 이중으로 하면 공진 현상을 완화하여 서징 현상을 줄일 수 있다.

03 건설기계정비업의 등록은 종합건설기계정비업, 부분건설기계정비업, 전문건설기계정비업의 구분에 따라 한다.

04 미등록 건설기계의 임시운행
- 등록신청을 하기 위하여 건설기계를 등록지로 운행하는 경우
- 신규등록검사 및 확인검사를 받기 위하여 건설기계를 검사장소로 운행하는 경우
- 수출을 하기 위하여 건설기계를 선적지로 운행하는 경우
- 수출을 하기 위하여 등록말소한 건설기계를 점검·정비의 목적으로 운행하는 경우
- 신개발 건설기계를 시험·연구의 목적으로 운행하는 경우
- 판매 또는 전시를 위하여 건설기계를 일시적으로 운행하는 경우

05 토인은 차량의 앞바퀴를 위에서 내려다보면 앞쪽이 뒤쪽보다 약간 좁게 되어 있는 것을 말한다.

남은 문제 : 55문항

★★
06 장비의 운행 중 변속 레버가 빠질 수 있는 원인에 해당되는 것은?

① 기어가 충분히 물리지 않을 때
② 클러치 조정이 불량할 때
③ 릴리스 베어링이 파손되었을 때
④ 클러치 연결이 분리되었을 때

07 야간에 차가 서로 마주보고 진행하는 경우의 등화조작 중 맞는 것은?

① 전조등, 보호등, 실내조명등을 조작한다.
② 전조등을 켜고 보조등을 끈다.
③ 전조등을 하향으로 한다.
④ 전조등을 상향으로 한다.

★★★
08 유압장치의 금속가루 또는 불순물을 제거하기 위한 것으로 맞게 짝지어진 것은?

① 여과기와 어큐뮬레이터
② 스크레이퍼와 필터
③ 필터와 스트레이너
④ 어큐뮬레이터와 스트레이너

09 유압 건설기계의 고압 호스가 자주 파열되는 원인으로 가장 적합한 것은?

① 유압펌프의 고속회전
② 오일의 점도 저하
③ 릴리프밸브의 설정 압력 불량
④ 유압모터의 고속회전

10 라디에이터 캡을 열었을 때 냉각수에 오일이 섞여 있는 경우의 원인은?

① 실린더블록이 과열되었다.
② 수냉식 오일 쿨러가 파손되었다.
③ 기관의 윤활유가 너무 많이 주입되었다.
④ 라디에이터가 불량하다.

해설

06 변속 레버는 변속기를 조정하기 위해 달려 있는 스틱이다. 장비 운행 중 변속 레버가 빠진다는 것은 변속 기어 간의 물림 상태가 헐거워 탈거되는 현상이다. 즉, 기어가 충분히 물리지 않았기 때문에 일어난다.

07 모든 차의 운전자는 밤에 서로 마주보고 진행할 때에는 전조등의 밝기를 줄이거나 불빛의 방향을 아래로 향하게 하거나 잠시 전조등을 꺼야 한다. 다만, 도로의 상황으로 보아 마주보고 진행하는 차의 교통을 방해할 우려가 없는 경우에는 그러하지 아니하다.

08 오일필터는 오일이 순환하는 과정에서 함유되는 수분, 금속 분말, 슬러지 등을 제거하고 흡입필터(흡입 스트레이너)는 밀폐형 오일탱크 내에 설치하여 큰 불순물을 제거한다.

09 유압 건설기계의 고압 호스가 자주 파열된다. 유압펌프로부터 높은 압력으로 밀려 들어오는 작동유의 압력을 견디지 못해서 이것을 조절해 주는 것이 릴리프밸브이므로 설정 압력이 불량하기 때문이라는 것이 가장 타당하다.

10 오일과 냉각수가 섞일 수 있는 곳은 냉각수와 오일이 근접해 지나는 곳일 확률이 가장 높다. 오일 쿨러 부분에서는 냉각수가 오일을 식히기 위해 인접하여 흐르게 된다. 이 부분에서 누수가 일어난 것으로 볼 수 있다.

남은 문제 : 50문항

★★
11 수동변속기가 장착된 건설기계에 기어의 이중물림을 방지하는 장치에 해당되는 것은?

① 인젝션 장치　② 인터쿨러 장치
③ 인터록 장치　④ 인터널 기어 장치

12 다음 중 통행의 우선순위로 옳은 것은?

① 긴급자동차 → 원동기장치자전거 → 승합자동차
② 긴급자동차 → 일반자동차 → 원동기장치자전거
③ 건설기계 → 긴급자동차 → 일반자동차
④ 승합자동차 → 건설기계 → 긴급자동차

★
13 수동변속기가 장착된 건설기계장비에서 클러치가 연결된 상태에서 기어변속을 하였을 때 발생할 수 있는 현상으로 맞는 것은?

① 클러치 디스크가 마멸된다.
② 변속 레버가 마모된다.
③ 기어에서 소리가 나고 기어가 손상될 수 있다.
④ 종감속기어가 손상된다.

14 그림과 같이 조정렌치의 힘이 작용되도록 사용하는 이유로 맞는 것은?

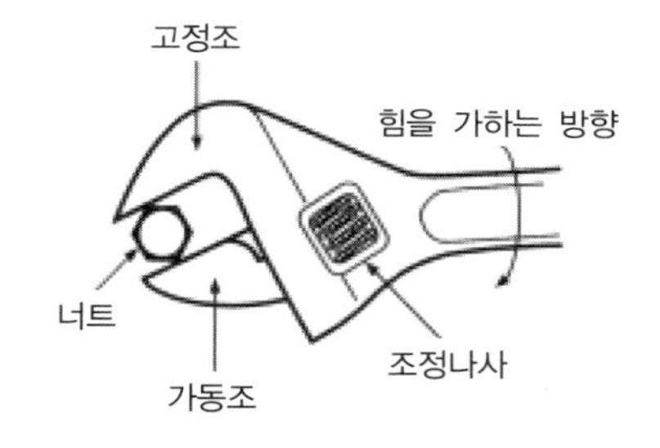

① 볼트나 너트의 나사산의 손상을 방지하기 위하여
② 작은 힘으로 풀거나 조이기 위하여
③ 렌치의 파손을 방지하고, 안전한 자세이기 때문임
④ 규정토크로 조이기 위하여

해설

11 변속기 조작기구에는 로킹볼(기어 빠짐 방지)과 스프링, 인터록(기어 이중 물림방지), 후진 오조작 방지기구 등이 설치되어 있다.

12 도로에서 통행우선 순위는 긴급자동차 → 긴급자동차 외 자동차 → 원동기장치자전거 → 그 외 차마 순이다.

13 클러치가 연결된 상태에서 기어변속을 하게 되면 본래 기관에 소리가 나고, 맞물려 돌아가는 기어를 무리하게 바꾸게 되므로 기어가 상하게 된다.

14 아래턱 방향으로 힘이 작용되도록 사용하면 힘을 받는 부분이 고정조가 되므로 안전하다.

남은 문제 : 46문항

15 4행정 사이클 기관의 행정순서로 맞는 것은?

① 압축 → 동력 → 흡입 → 배기
② 흡입 → 동력 → 압축 → 배기
③ 압축 → 흡입 → 동력 → 배기
④ 흡입 → 압축 → 동력 → 배기

16 건설기계장비의 축전지 케이블 탈거에 대한 설명으로 적합한 것은?

① 절연되어 있는 케이블을 먼저 탈거한다.
② 아무 케이블이나 먼저 탈거한다.
③ ⊕케이블을 먼저 탈거한다.
④ 접지되어 있는 케이블을 먼저 탈거한다.

★★★
17 지게차에서 자동차와 같이 스프링을 사용하지 않는 이유를 설명한 것으로 옳은 것은?

① 화물에 충격을 주기 위함이다.
② 앞차축이 구동축이기 때문이다.
③ 롤링이 생기면 적하물이 떨어지기 때문이다.
④ 현가장치가 있으면 조향이 어렵기 때문이다.

18 지게차의 구조 중 틀린 것은?

① 마스트 ② 밸런스 웨이트
③ 틸트 레버 ④ 레킹 볼

19 지게차의 토인 조정은 무엇으로 하는가?

① 드래그 링크 ② 스티어링 휠
③ 타이로드 ④ 조향기어

★★
20 지게차의 화물 운반 작업 중 가장 적당한 것은?

① 댐퍼를 뒤로 3° 정도 경사시켜서 운반한다.
② 마스트를 뒤로 4° 정도 경사시켜서 운반한다.
③ 바이브레이터를 뒤로 8° 정도 경사시켜서 운반한다.
④ 샤퍼를 뒤로 6° 정도 경사시켜서 운반한다.

해설

15 4행정 사이클 기관은 크랭크축이 2회전하면 캠축은 1회전하여 1사이클을 완성하는 기관이다. 4행정 사이클 기관의 행정순서는 흡입→압축→동력→배기의 순이다.

16 축전지를 탈거할 때는 접지단자(−)를 먼저 탈거하고, 설치할 때에는 접지단자(−)를 나중에 연결한다.

17 지게차에서 자동차와 같이 스프링을 사용하게 되면 롤링이 생겨 적하물이 떨어지기 때문이다.

18 레킹 볼은 크레인에 매달아 건물을 철거할 때 사용하는 쇳덩어리를 말한다.

19 토인은 조향바퀴의 사이드 슬립과 타이어의 마멸을 방지하고 앞바퀴를 평행하게 회전시키기 위한 것이다. 지게차의 토인은 타이로드 길이로 조정한다.

20 화물을 운반할 때에는 마스트를 뒤로 4° 정도 경사시키고, 화물을 부릴 때는 마스트를 앞으로 4° 정도 경사시킨다.

남은 문제 : 40문항

21 지게차의 앞바퀴는 어디에 설치되는가?

① 섀클 핀에 설치된다.
② 직접 프레임에 설치된다.
③ 너클 암에 설치된다.
④ 등속이음에 설치된다.

22 다음은 지게차의 조향 휠이 정상보다 돌리기 힘들 때 원인이다. 가장 거리가 먼 것은?

① 오일펌프 벨트 파손
② 파워 스티어링 오일 부족
③ 오일 호스 파손
④ 타이어 공기압 과다

★
23 지게차의 운반방법 중 틀린 것은?

① 운반 중 마스트를 뒤로 4°가량 경사시킨다.
② 화물 운반 시 내리막길은 후진, 오르막길은 전진한다.
③ 화물 적재 운반 시 항상 후진으로 운반한다.
④ 운반 중 포크는 지면에서 20~30cm가량 띄운다.

★★
24 지게차의 하역방법 설명 중 틀린 것은?

① 짐을 내릴 때 가속페달은 사용하지 않는다.
② 짐을 내릴 때는 마스트를 앞으로 약 4° 정도 기울인다.
③ 리프트 레버 사용 시 눈은 마스트를 주시한다.
④ 짐을 내릴 때 틸트 레버 조작은 필요 없다.

25 지게차 운전 후 점검사항과 가장 관계없는 것은?

① 기름 누설 부위가 있는지 점검한다.
② 연료를 보충한다.
③ 각종 게이지를 점검한다.
④ 타이어의 손상 여부를 확인한다.

해설

21 지게차의 앞바퀴는 직접 프레임에 설치된다.

22 타이어 공기압이 낮으면 지게차의 조향 휠이 정상보다 돌리기 힘들다.

23 지게차에 화물을 싣고 올라갈 때는 전진 주행, 내려올 때는 후진 주행으로 이동한다.

24 지게차에서 화물을 내릴 때는 틸트 레버를 밀어 마스트를 수직으로 하고 서서히 포크를 내린다.

25 각종 게이지의 체크는 운전 전 점검사항이다.

남은 문제 : 35문항

★★★
26 지게차에 짐을 싣고 창고나 공장을 출입할 때의 주의사항 중 틀린 것은?

① 짐이 출입구 높이에 닿지 않도록 주의한다.
② 팔이나 몸을 차체 밖으로 내밀지 않는다.
③ 주위 장애물 상태를 확인 후 이상이 없을 때 출입한다.
④ 차폭과 출입구의 폭은 확인할 필요가 없다.

27 지게차 기관의 시동용으로 사용하는 일반적인 전동기는?

① 직권식 전동기　② 분권식 전동기
③ 복권식 전동기　④ 교류 전동기

28 운전 중 좁은 장소에서 지게차를 방향 전환시킬 때 가장 주의할 점으로 맞는 것은?

① 뒷바퀴 회전에 주의하여 방향 전환한다.
② 포크 높이를 높게 하여 방향 전환한다.
③ 앞바퀴 회전에 주의하여 방향 전환한다.
④ 포크가 땅에 닿게 내리고 방향 전환한다.

29 수동식 변속기 건설기계를 운행 중 급가속시켰더니 기관의 회전은 상승하는데, 차속이 증속되지 않았다. 그 원인에 해당되는 것은?

① 클러치 파일럿 베어링의 파손
② 릴리스 포크의 마모
③ 클러치 페달의 유격 과대
④ 클러치 디스크 과대 마모

★★
30 유압모터의 특징으로 맞는 것은?

① 가변체인구동으로 유량 조정을 한다.
② 오일의 누출이 많다.
③ 밸브 오버랩으로 회전력을 얻는다.
④ 무단 변속이 용이하다.

해설

26 출입구보다 차폭이 크면 위험하기 때문에 확인하고 출입해야 한다.

27 직권식 전동기는 건설기계의 시동모터로 사용한다.

28 지게차의 조향장치는 뒷바퀴와 연결되어 동작된다. 그러므로 뒷바퀴의 움직임에 신경을 써야 한다.

29 클러치 장치가 엔진의 회전력을 제대로 전달해 주지 못하기 때문이다. 클러치 디스크가 과대 마모되면 엔진의 회전 변화가 이후 동력전달장치로 제대로 이행되지 않는다.

30 유압모터의 장점
- 무단 변속이 용이하다.
- 관성이 작고 소음이 작다.
- 작동이 신속하고 정확하다.
- 변속이나 역전 제어가 용이하다.
- 속도나 방향의 제어가 용이하다.
- 소형, 경량으로서 큰 출력을 낸다.

남은 문제 : 30문항

★

31 기관의 출력을 저하시키는 직접적인 원인이 아닌 것은?

① 노킹이 일어날 때
② 클러치가 불량할 때
③ 연료분사량이 적을 때
④ 실린더 내 압력이 낮을 때

32 안전의 3요소에 해당되지 않는 것은?

① 기술적 요소
② 자본적 요소
③ 교육적 요소
④ 관리적 요소

33 유압식 밸브 리프터의 장점이 아닌 것은?

① 밸브 간극 조정이 필요하지 않다.
② 밸브 개폐 시기가 정확하다.
③ 구조가 간단하다.
④ 밸브기구의 내구성이 좋다.

34 건설기계 소유자의 등록지를 변경한 때는 등록번호표를 시 · 도지사에게 며칠 이내에 반납하여야 하는가?

① 10일
② 5일
③ 20일
④ 30일

★★★★

35 스패너 또는 렌치 작업 시 주의할 사항이다. 맞지 않는 것은?

① 해머 필요시 대용으로 사용할 것
② 너트와 꼭 맞게 사용할 것
③ 조금씩 돌릴 것
④ 몸 앞으로 잡아당길 것

★★

36 디젤엔진의 연소실에는 연료가 어떤 상태로 공급되는가?

① 기화기와 같은 기구를 사용하여 연료를 공급한다.
② 노즐로 연료를 안개와 같이 분사한다.
③ 가솔린 엔진과 동일한 연료 공급펌프로 공급한다.
④ 액체 상태로 공급한다.

해설

31 클러치 불량은 주행 시 동력의 전달과 차단, 가속, 속도에 영향을 미친다.

33 ③ 밸브개폐기구가 복잡하다.

34 10일 이내에 등록번호표를 시 · 도지사에게 반납하여야 한다(건설기계관리법 제9조).

35 공구는 작업에 적합한 것을 사용해야 하며, 규정된 작업 용도 이외에는 사용하지 않는다.

36 디젤엔진의 노즐은 연료의 압축에 의한 발화가 잘 일어나도록 하기 위해 안개와 같은 상태로 실린더 내로 흩뿌려 주는 역할을 한다.

남은 문제 : 24문항

★★
37 세미 실드빔 형식의 전조등을 사용하는 건설기계장비에서 전조등이 점등되지 않을 때 가장 올바른 조치 방법은?

① 렌즈를 교환한다.
② 전조등을 교환한다.
③ 반사경을 교환한다.
④ 전구를 교환한다.

38 무한궤도식 장비에서 프론트 아이들러의 작용에 대한 설명으로 가장 적당한 것은?

① 회전력을 발생하여 트랙에 전달한다.
② 트랙의 진로를 조정하면서 주행방향으로 트랙을 유도한다.
③ 구동력을 트랙으로 전달한다.
④ 파손을 방지하고 원활한 운전을 할 수 있도록 하여준다.

★
39 건설기계등록번호표를 가리거나 훼손하여 알아보기 곤란하게 한 자 또는 그러한 건설기계를 운행한 자에게 부과하는 과태료로 옳은 것은?

① 50만 원 이하
② 100만 원 이하
③ 300만 원 이하
④ 1,000만 원 이하

40 액추에이터를 순서에 맞추어 작동시키기 위하여 설치한 밸브는?

① 메이크업 밸브(make up valve)
② 리듀싱 밸브(reducing valve)
③ 시퀀스 밸브(sequence valve)
④ 언로드 밸브(unload valve)

41 기어펌프에 대한 설명으로 맞는 것은?

① 가변용량 펌프이다.
② 정용량 펌프이다.
③ 비정용량 펌프이다.
④ 날개깃에 의해 펌핑 작용을 한다.

해설

37 고장 시 세미 실드빔형은 전구만 따로 교환이 가능하다.

38 아이들러는 트랙의 진로를 조정해 주어 주행방향으로 트랙을 유도한다.

39 건설기계등록번호표를 가리거나 훼손하여 알아보기 곤란하게 한 자 또는 그러한 건설기계를 운행한 자에게는 100만 원 이하의 과태료를 부과한다(건설기계관리법 제44조제2항).

40 시퀀스 밸브는 2개 이상의 분기회로가 있는 회로에서 작동순서를 회로의 압력 등으로 제어하는 밸브이다.

41 기어펌프는 토출압력이 바뀌어도 토출유량이 크게 변하지 않는 정용량 펌프이다.

남은 문제 : 19문항

42 축전지 케이스와 커버 세척에 가장 알맞은 것은?

① 솔벤트와 물　② 소금과 물
③ 가솔린과 물　④ 소다와 물

43 작업복에 대한 설명으로 적합하지 않은 것은?

① 작업복은 몸에 알맞고 동작이 편해야 한다.
② 착용자의 연령, 성별 등에 관계없이 일률적인 스타일을 선정해야 한다.
③ 작업복은 항상 깨끗한 상태로 입어야 한다.
④ 주머니가 너무 많지 않고, 소매가 단정한 것이 좋다.

★
44 유압펌프가 작동 중 소음이 발생할 때의 원인으로 틀린 것은?

① 릴리프밸브 출구에서 오일이 배출되고 있다.
② 스트레이너가 막혀 흡입용량이 너무 작아졌다.
③ 펌프흡입관 접합부로부터 공기가 유입된다.
④ 펌프축의 편심 오차가 크다.

45 건설기계 범위 중 틀린 것은?

① 이동식으로 20kW의 원동기를 가진 쇄석기
② 혼합장치를 가진 자주식인 콘크리트믹서 트럭
③ 정지장치를 가진 자주식인 모터그레이더
④ 적재용량 5톤의 덤프트럭

★★
46 유압실린더의 구성 부품이 아닌 것은?

① 피스톤 로드　② 피스톤
③ 실린더　④ 커넥팅 로드

★★★
47 교류 발전기에서 전류가 발생되는 것은?

① 스테이터　② 전기자
③ 로터　④ 정류자

해설

42 축전지 케이스와 커버를 세척하기 위해서는 세제 역할을 해주는 소다와 물을 혼합하여 사용하는 것이 좋다.

43 작업복은 작업을 편하게 하기 위한 목적뿐만 아니라 작업 중 일어날 수 있는 안전사고에 미리 대비할 수 있는 것이어야 한다. 작업복의 스타일은 작업 내용별로 구분하는 등 목적에 맞게 구사할 수 있다.

44 유압펌프의 소음 발생 원인
- 흡입 라인이 막혔을 때
- 펌프축의 편심 오차가 클 때
- 작동유 속에 공기가 들어 있을 때
- 유압펌프의 베어링이 마모되었을 때
- 작동유의 양이 적고 점도가 너무 높을 때

45 덤프트럭은 적재용량 12톤 이상인 것이다. 다만, 적재용량 12톤 이상 20톤 미만의 것으로 화물운송에 사용하기 위해 자동차관리법에 의한 자동차로 등록된 것은 제외한다.

46 커넥팅 로드는 피스톤의 왕복운동을 회전운동으로 바꾸어주는 역할을 하는 엔진의 구성 부품으로 유압실린더와는 관계가 없다.

47 스테이터는 전류가 발생하는 부분이다.

남은 문제 : 13문항

★
48 시동이 걸렸을 때 시동 키(Key) 스위치를 계속 누르고 있을 때 나타나는 현상은?

① 베어링이 소손된다.
② 전기자가 소손된다.
③ 충전이 잘 된다.
④ 피니언 기어가 소손된다.

★★
49 도로의 중앙선이 황색 실선과 황색 점선인 복선으로 설치된 때의 설명으로 맞는 것은?

① 어느 쪽에서나 중앙선을 넘어서 앞지르기를 할 수 있다.
② 점선 쪽에서만 중앙선을 넘어서 앞지르기를 할 수 있다.
③ 어느 쪽에서나 중앙선을 넘어서 앞지르기를 할 수 없다.
④ 실선 쪽에서만 중앙선을 넘어서 앞지르기를 할 수 있다.

50 안전수칙을 지킴으로써 발생될 수 있는 효과로 거리가 가장 먼 것은?

① 기업의 신뢰도를 높여준다.
② 기업의 이직률이 감소된다.
③ 기업의 투자경비가 늘어난다.
④ 상하 동료 간의 인간관계가 개선된다.

51 도로교통법상 올바른 정차 방법은?

① 정차는 도로의 모퉁이에서도 할 수 있다.
② 안전지대가 설치된 도로에서는 안전지대에 정차할 수 있다.
③ 도로의 우측 가장자리에 타 교통에 방해가 되지 않도록 정차할 수 있다.
④ 정차는 교차로의 가장자리에서 할 수 있다.

★★★
52 유압유의 점도를 틀리게 설명한 것은?

① 온도가 상승하면 점도는 저하된다.
② 점성의 정도를 나타내는 척도이다.
③ 온도가 내려가면 점도는 높아진다.
④ 점성계수를 밀도로 나눈 값이다.

해설

48 피니언 기어는 시동을 걸 때 엔진에 시동 전동기의 힘을 전달하여 강제로 크래킹하게 해준다. 만일 시동이 걸렸는데도 피니언 기어를 계속 물려 있게 되면 기어가 소손될 수 있다.

49 실선과 점선의 복선으로 설치되어 있을 때는 점선 쪽에서만 중앙선을 넘어 앞지르기를 할 수 있다.

51 모든 차의 운전자는 도로에서 정차할 때에는 차도의 오른쪽 가장자리에 정차해야 하며, 차도와 보도의 구별이 없는 도로의 경우에는 도로의 오른쪽 가장자리로부터 중앙으로 50cm 이상의 거리를 두어야 한다(도로교통법 시행령 제11조).

52 점도란 점도계에 의해 얻어지는 오일의 묽고 진한 상태를 나타내는 수치이다. 오일이 온도의 변화에 따라 점도가 변하는 정도를 수치로 표시한 것이 점도지수로 값이 클수록 온도에 의한 변화가 적은 것을 나타낸다. 온도가 상승하면 점도는 저하되고 하강하면 높아진다.

남은 문제 : 08문항

★
53 벨트 취급에 대한 안전사항 중 틀린 것은?

① 벨트 교환 시 회전을 완전히 멈춘 상태에서 한다.
② 벨트의 회전을 정지시킬 때 손으로 잡는다.
③ 벨트는 적당한 장력을 유지하도록 한다.
④ 고무벨트에는 기름이 묻지 않도록 한다.

54 앞지르기를 할 수 없는 경우에 해당되는 것은?

① 앞차의 좌측에 다른 차가 나란히 진행하고 있을 때
② 앞차가 우측으로 진로를 변경하고 있을 때
③ 앞차가 그 앞차와의 안전거리를 확보하고 있을 때
④ 앞차가 양보 신호를 할 때

55 유압회로의 압력을 점검하는 위치로 가장 적합한 것은?

① 실린더에서 직접 점검
② 유압펌프에서 컨트롤밸브 사이
③ 실린더에서 유압 오일 탱크 사이
④ 유압 오일 탱크에서 직접 점검

★★
56 다음 기호는 무엇을 의미하는가?

① 유압실린더
② 어큐뮬레이터
③ 오일탱크
④ 유압실린더 로드

★★★
57 건설기계관리법상 건설기계 소유자는 건설기계를 도난당한 날로부터 얼마 이내에 등록말소를 신청해야 하는가?

① 30일 이내
② 2개월 이내
③ 3개월 이내
④ 6개월 이내

해설

53 벨트의 회전을 정지할 때 손을 사용하는 것은 매우 위험한 일이다. 벨트의 마찰에 의한 화상이나 벨트 가드에 손이 끼이게 되어 상해를 입을 수 있다.

54 모든 차의 운전자는 앞차의 좌측에 다른 차가 앞차와 나란히 가고 있는 경우, 앞차가 다른 차를 앞지르고 있거나 앞지르려고 하는 경우에는 앞차를 앞지르지 못한다.

55 유압을 점검해야 하는 위치는 작동을 위해 고압이 걸리는 유압펌프와 이를 제어하는 컨트롤밸브 사이여야 한다.

57 건설기계의 소유자는 건설기계를 도난당한 경우에는 2개월 이내에 시·도지사에게 등록말소를 신청하여야 한다.

남은 문제 : 03문항

58 소형건설기계 교육내용에 해당하지 않는 것은?

① 건설기계 기관, 전기 및 작업 장치
② 유압일반
③ 도로통행방법
④ 정비 실습

★
59 산업재해를 예방하기 위한 재해예방 4원칙으로 적당치 못한 것은?

① 대량 생산의 원칙
② 예방 가능의 원칙
③ 원인 계기의 원칙
④ 대책 선정의 원칙

★★
60 수공구를 사용하여 일상정비를 할 경우의 필요사항으로 가장 부적합한 것은?

① 수공구를 서랍 등에 정리할 때는 잘 정돈한다.
② 수공구는 작업 시 손에서 놓치지 않도록 주의한다.
③ 용도 외의 수공구는 사용하지 않는다.
④ 작업성을 빠르게 하기 위해서 장비 위에 놓고 사용하는 것이 좋다.

해설

59 재해예방 4원칙은 손실 우연의 원칙, 원인 계기의 원칙, 예방 가능의 원칙, 대책 선정의 원칙이다.

60 공구는 일정한 장소에 비치하여 사용해야 한다. 장비 위에 놓고 사용하다가 장비의 주요 부품에 떨어져 망가뜨릴 수도 있고 기계 및 기구의 오작동을 유발해 안전사고가 발생할 수 있다.

60문항 60분

제6회 CBT 최신 경향 모의고사

★★
01 볼트나 너트를 규정된 힘으로 조일 때 사용하는 도구는?

① 복스렌치 ② 소켓렌치
③ 토크렌치 ④ 오픈엔드렌치

★
02 측압을 받지 않는 스커트부의 일부를 절단하여 중량과 피스톤 슬랩을 경감시켜 스커트부와 실린더 벽과의 마찰 면적을 줄여주는 피스톤은?

① 오프셋 피스톤(Off-set Piston)
② 솔리드 피스톤(Solid Piston)
③ 슬리퍼 피스톤(Slipper Piston)
④ 스플릿 피스톤(Split Piston)

★
03 드릴 작업의 안전수칙으로 옳지 않은 것은?

① 구멍을 뚫을 때 일감은 손으로 잡아 단단하게 고정시킨다.
② 장갑을 끼고 작업하지 않는다.
③ 칩을 제거할 때에는 회전을 정지시키고 솔로 제거한다.
④ 드릴을 끼운 뒤 척 렌치는 빼두도록 한다.

04 다음 중 개인용 수공구가 아닌 것은?

① 해머 ② 정
③ 스패너 ④ 롤러기

★
05 유류화재가 발생했을 시 소화방법으로 옳지 않은 것은?

① 물을 분무하여 소화한다.
② 모래를 뿌려서 소화한다.
③ B급 화재 소화기를 이용하여 진화한다.
④ ABC 분말소화기를 이용하여 진화한다.

해설

01 토크렌치는 현재 조이고 있는 토크를 나타내는 게이지가 있어 일정한 힘으로 볼트나 너트를 조일 수 있다.

02 ① 피스톤핀의 위치를 중심으로부터 편심하여 상사점에서 경사변화시기를 늦어지게 한 피스톤
② 스커트부에 홈이 없고 스커트부는 상, 중, 하의 지름이 동일한 통으로 된 피스톤
④ 측압이 작은 쪽의 스커트 상부에 세로로 홈을 두어 스커트부로 열이 전달되는 것을 제한한 구조의 피스톤

03 손으로 잡고 구멍을 뚫는 것은 안전사고의 위험이 있다.

04 개인용 수공구 : 펀치 및 정, 스패너 및 렌치, 해머 등

05 유류화재 진화 시 물을 사용하면 오히려 화재가 더 번질 수 있다.

남은 문제 : 55문항

06 도시가스 제조사업소에서 정압기지의 경계까지 이르는 배관은?

① 본관 ② 공급관
③ 사용자 공급관 ④ 내관

★★
07 가스용접 시 사용하는 산소용 호스의 색상은?

① 녹색 ② 적색
③ 황색 ④ 청색

08 진동에 의한 건강장해의 예방 방법으로 적절하지 않은 것은?

① 저진동형 기계공구를 사용한다.
② 방진장갑과 귀마개를 착용한다.
③ 휴식시간을 충분히 갖는다.
④ 실외에서 작업을 진행한다.

09 전기 용접의 아크로 인해 눈이 충혈되었을 시의 조치로 적절한 것은?

① 눈을 감고 안정을 취한다.
② 안약을 넣고 작업을 계속한다.
③ 차가운 습포를 눈 위에 올려놓고 안정을 취한다.
④ 소금물로 눈을 세정한다.

★★★
10 다음 중 적색 등화임에도 진행할 수 있는 경우는?

① 국가경찰공무원에 의한 교통정리가 있을 때
② 다른 차마의 진행을 방해하지 않을 때
③ 앞 차가 교차로를 통과하는 경우
④ 도로가 잡상인 등으로 인해 혼잡한 경우

11 자동차가 도로 이외의 장소를 출입하기 위해 보도를 지나야 하는 경우의 통행방법으로 옳은 것은?

① 보행자가 없으면 서행해서 진입한다.
② 보행자보다 우선하여 진입한다.
③ 보도 직전에 일시정지하여 보행자의 통행을 방해하지 않는다.
④ 도로 외의 곳으로 출입하더라도 보도는 횡단할 수 없다.

해설

06 본관이란 가스도매사업의 경우에는 도시가스 제조사업소(액화천연가스의 인수기지를 포함)의 부지 경계에서 정압기지의 경계까지 이르는 배관을 말한다. 다만 밸브기지 안의 배관은 제외한다(도시가스사업법 시행규칙 제2조제1항제2호).

07 산소용 호스는 녹색, 아세틸렌용 호스는 적색이다.

08 진동에 의한 건강장해의 예방 방법
- 낮은 속력에서 작동할 수 있는 저진동 장비를 작업자가 최대한 적게 접촉하도록 사용한다.
- 적절한 진동보호구를 착용하고 기구의 점검 및 유지보수를 한다.
- 매 1시간 연속 진동노출마다 10분씩의 휴식을 갖도록 한다.

09 전기 용접 아크로 눈이 충혈되면 화상의 우려가 있으므로 냉습포 찜질로 응급처치한 후 안정을 취하도록 하며, 경과가 나쁘면 병원을 방문해야 한다.

10 신호기와 수신호가 다른 경우 수신호를 우선한다.

11 도로 외의 곳으로 출입할 때 차마의 운전자는 보도를 횡단하기 직전에 일시정지하여 좌측과 우측 부분 등을 살핀 후 보행자의 통행을 방해하지 아니하도록 횡단하여야 한다(도로교통법 제13조).

남은 문제 : 49문항

★

12 다음 중 1종 대형면허를 취득할 수 있는 경우는?

① 두 눈을 동시에 뜨고 잰 시력이 0.8 미만이고, 두 눈의 시력이 각각 0.5 미만인 경우
② 55데시벨(보청기를 사용하는 사람은 40데시벨)의 소리를 들을 수 있는 경우
③ 붉은색·녹색 및 노란색을 구별할 수 없는 경우
④ 19세 미만이거나 자동차(이륜자동차는 제외)의 운전경험이 1년 미만인 사람

13 교통정리가 행해지지 않는 교차로에서 동시에 교차로에 진입한 차량의 우선순위는?

① 우측도로의 차 우선
② 좌측도로의 차 우선
③ 폭이 넓은 도로의 차 우선
④ 원동기장치자전거 우선

★★★

14 도로교통법상 모든 차의 운전자가 서행해야 하는 장소가 아닌 것은?

① 도로가 구부러진 부근
② 편도 2차로 이상의 다리 위
③ 가파른 비탈길의 내리막
④ 비탈길 고갯마루 부근

15 진로를 변경하고자 할 때 운전자가 지켜야 할 사항이 아닌 것은?

① 진로변경 신호는 진로변경이 끝날 때까지 유지한다.
② 가능하면 빠르게 진로를 변경한다.
③ 방향지시기로 신호를 한다.
④ 불가피한 경우 수신호를 이용할 수 있다.

16 다음 중 1종 보통면허로 운전할 수 없는 차량은?

① 원동기장치자전거
② 승차정원 12인승 승합자동차
③ 적재중량 15톤 화물자동차
④ 3톤 미만의 지게차

해설

12 제1종 운전면허 중 대형면허 또는 특수면허를 취득하려는 경우에는 55데시벨(보청기를 사용하는 사람은 40데시벨)의 소리를 들을 수 있어야 한다(도로교통법 시행령 제45조제1항제3호).

13 교통정리를 하고 있지 아니하는 교차로에 동시에 들어가려고 하는 차의 운전자는 우측도로의 차에 진로를 양보하여야 한다(도로교통법 제26조제3항).

14 모든 차의 운전자는 교통정리를 하고 있지 아니하는 교차로, 도로가 구부러진 부근, 비탈길의 고갯마루 부근, 가파른 비탈길의 내리막, 시·도경찰청장이 도로에서의 위험을 방지하고 교통의 안전과 원활한 소통을 확보하기 위하여 필요하다고 인정하여 안전표지로 지정한 곳에서는 서행하여야 한다(도로교통법 제31조).

15 진로 변경 시에는 규정 속도를 준수하며, 주변 차량이 상황을 충분히 인지할 수 있도록 여유 있게 진로를 변경해야 한다.

16 승용자동차, 승차정원 15명 이하의 승합자동차, 적재중량 12톤 미만의 화물자동차, 건설기계(도로를 운행하는 3톤 미만의 지게차로 한정), 총중량 10톤 미만의 특수자동차(대형견인차, 소형견인차 및 구난차 제외), 원동기장치자전거는 제1종 보통면허로 운전할 수 있다(도로교통법 시행규칙 별표18).

남은 문제 : 44문항

17 **지게차의 아워미터의 설치 목적이 아닌 것은?**

① 가동시간에 맞춰 예방정비를 한다.
② 가동시간에 맞춰 오일을 교환한다.
③ 각 부위에 주유를 정기적으로 한다.
④ 하차 만료 시간을 나타낸다.

★★★
18 **지게차에서 리프트 실린더의 상승력이 부족한 원인과 거리가 먼 것은?**

① 리프트 실린더에서 유압유 누출
② 오일 필터의 막힘
③ 틸트록 밸브의 밀착 불량
④ 유압펌프의 불량

19 **지게차의 전후진 레버에 대한 설명으로 옳은 것은?**

① 레버를 밀면 후진한다.
② 레버를 당기면 전진한다.
③ 레버는 지게차가 완전히 멈췄을 때 조작한다.
④ 주차 시 레버는 전진 또는 후진에 놓는다.

★★★★★
20 **지게차에 관한 설명으로 틀린 것은?**

① 짐을 싣기 위해 마스트를 약간 전경시키고 포크를 끼워 물건을 싣는다.
② 틸트 레버는 앞으로 밀면 마스터가 앞으로 기울고 따라서 포크가 앞으로 기운다.
③ 포크를 상승시킬 때는 리프트 레버를 뒤쪽으로, 하강시킬 때는 앞쪽으로 민다.
④ 목적지에 도착 후 물건을 내리기 위해 틸트 실린더를 후경시켜 전진한다.

★★
21 **지게차의 적재화물이 크고 현저하게 시계를 방해할 때 운전자의 운전 방법으로 틀린 것은?**

① 후진으로 주행한다.
② 필요시 경적을 울리면서 서행을 한다.
③ 적재물을 높이 들고 주행한다.
④ 유도자를 붙여 차를 유도한다.

해설

17 아워미터는 장비의 가동시간에 따라 적절한 정비를 할 수 있도록 설치한다.

18 틸트록 장치는 기관이 정지했을 때 틸트록 밸브가 유압회로를 차단하여 틸트 레버를 밀어도 마스트가 경사되지 않게 한다.

19 전후진 레버는 밀면 전진하고 당기면 후진한다. 주차 시에는 중립에 위치시킨다.

20 목적지에 도착하여 물건을 내리기 위해서는 마스트를 앞쪽으로 기울여야 한다. 즉, 틸트 실린더를 전경시켜야 한다.

21 적재물을 높이 들면 떨어트릴 수 있고 균형을 맞추기가 어려워서 위험하다.

남은 문제 : 39문항

★★★
22 지게차의 주차방법에 대한 설명으로 옳지 않은 것은?

① 레버는 중립에 놓고 주차브레이크를 체결한다.
② 시동키는 다시 사용할 수 있으므로 꽂아 둔다.
③ 포크는 바닥에 완전히 내려놓는다.
④ 경사가 있다면 고임목을 사용한다.

★★★
23 경사가 있는 곳에서의 지게차 주행방법으로 옳은 것은?

① 공차 시에는 포크를 경사의 아래쪽으로 향하게 한 채로 올라간다.
② 공차 시에는 포크를 경사의 위쪽으로 향하게 한 채로 내려간다.
③ 적재 시 화물을 경사의 아래쪽으로 향하게 한 채로 올라간다.
④ 적재 시 화물을 경사의 아래쪽으로 향하게 한 채로 내려간다.

★★★★★
24 화물을 적재하고 주행할 시 포크와 지면과의 간격으로 가장 적합한 것은?

① 지면에 밀착 ② 20~30cm
③ 40~50cm ④ 70~80cm

25 지게차 운행경로에 대한 설명으로 옳지 않은 것은?

① 지게차 하중과 화물의 하중을 견딜 수 있어야 한다.
② 주행도로는 지정된 곳만 주행한다.
③ 경로상의 물건은 따로 치우지 않는다.
④ 통로 폭은 지게차 폭에 더해 최소 60cm를 확보한다.

26 지게차의 적재물이 전방 시야를 가릴 경우 대처방법으로 적절하지 않은 것은?

① 신호수의 유도에 따른다.
② 후진으로 운행한다.
③ 포크를 높이 들어 시야를 확보한다.
④ 서행하여 장애물을 회피한다.

해설

22 시동키는 뽑아서 보관하도록 한다.

23 공차 시에는 포크가 경사의 아래쪽을 향하게 한 채 오르내리고, 적재 시에는 화물을 경사의 위쪽을 향하게 한 채로 오르내려야 한다.

24 화물을 적재했다면 포크는 20~30cm 정도 지면에서 띄운 상태로 주행한다.

25 운행경로에 있는 장애물은 운행 전 반드시 치워야 한다.

26 화물 운반 시에는 포크를 적정 높이로 유지해야 하며, 높이 드는 것은 적절하지 않다.

남은 문제 : 34문항

★★
27 성능이 불량하거나 사고가 자주 발생하는 건설기계에 대한 수시검사를 명령할 수 있는 권한자는?

① 지방경찰청장 ② 시 · 도지사
③ 행정안전부장관 ④ 국토교통부장관

★★★★
28 건설기계조종사의 면허취소 사유가 아닌 것은?

① 건설기계 조종 중 고의로 1명에게 경상을 입힌 경우
② 정기적성검사를 받지 않은 경우
③ 거짓이나 그 밖의 부정한 방법으로 건설기계조종사 면허를 받은 경우
④ 건설기계 조종 중 과실로 인한 사고로 5인에게 중상을 입힌 경우

29 커먼레일 디젤기관의 공기유량센서(AFS)로 많이 사용되는 방식은?

① 칼만 와류 방식 ② 열막 방식
③ 맵센서 방식 ④ 베인 방식

★★
30 정기검사에 불합격한 건설기계의 정비명령 기간은?

① 1개월 이내 ② 2개월 이내
③ 3개월 이내 ④ 4개월 이내

★★
31 건설기계관리법상 국토교통부령으로 정하는 바에 따른 등록번호표를 부착 및 봉인하지 않은 건설기계 운행을 1회 위반했을 시 과태료는?

① 10만 원 ② 30만 원
③ 50만 원 ④ 100만 원

32 편도 4차로 일반도로에서 4차로가 버스 전용차로라면 건설기계가 통행해야 하는 차로는?

① 1차로 ② 2차로
③ 3차로 ④ 4차로

해설

27 시 · 도지사는 성능이 불량하거나 사고가 자주 발생하는 건설기계의 안전성 등을 점검하기 위하여 국토교통부령으로 정하는 바에 따라 수시검사를 받을 것을 명령할 수 있다(건설기계관리법 제13조제6항).

28 건설기계의 조종 중 과실로 인명피해를 입힌 경우는 면허효력정지 처분이 내려진다.

29 공기유량센서(AFS)는 열막 방식을 사용한다.

30 시 · 도지사는 검사에 불합격된 건설기계에 대해서는 31일 이내의 기간을 정하여 해당 건설기계의 소유자에게 검사를 완료한 날(검사를 대행하게 한 경우에는 검사결과를 보고받은 날)부터 10일 이내에 정비명령을 해야 한다(건설기계관리법 시행규칙 제31조제1항).

31 등록번호표를 부착 · 봉인하지 아니하거나 등록번호를 새기지 아니한 경우 1차 위반 시 과태료 금액은 100만 원이다(건설기계관리법 시행령 별표3).

32 일반도로 편도 4차로에서 건설기계는 오른쪽 차로(3차로, 4차로)로 통행할 수 있다. 편도 4차로에서 4차로가 버스 전용차로라면 3차로를 이용해야 한다.

남은 문제 : 28문항

★★★★
33 건설기계정비업의 등록 구분으로 옳지 않은 것은?

① 종합건설기계정비업 ② 부분건설기계정비업
③ 전문건설기계정비업 ④ 일반건설기계정비업

★★
34 건설기계관리법상 자동차 1종 대형면허로 조종할 수 없는 건설기계는?

① 덤프트럭 ② 콘크리트믹서트럭
③ 아스팔트살포기 ④ 롤러

35 전류가 잘 흐르는 전기 회로의 조건으로 볼 수 없는 것은?

① 저항이 크다. ② 전압이 높다.
③ 병렬접속되어 있다. ④ 직렬접속되어 있다.

★★★
36 축전지의 구비조건으로 가장 거리가 먼 것은?

① 배터리의 용량이 클 것
② 가급적 크고 다루기가 쉬울 것
③ 전기적 절연이 완전할 것
④ 전해액의 누설방지가 완전할 것

37 12V 축전지 4개를 병렬로 연결한다면 전압은?

① 6V ② 12V
③ 24V ④ 48V

★★
38 건설기계에 주로 사용되는 전동기의 종류는?

① 교류 전동기 ② 직류복권 전동기
③ 직류직권 전동기 ④ 직류분권 전동기

해설

33 건설기계정비업의 등록은 다음의 구분에 따라 한다(건설기계관리법 시행령 제14조).
1. 종합건설기계정비업
2. 부분건설기계정비업
3. 전문건설기계정비업

34 덤프트럭, 아스팔트살포기, 노상안정기, 콘크리트믹서트럭, 콘크리트펌프, 천공기(트럭적재식), 특수건설기계 중 국토교통부장관이 지정하는 건설기계는 도로교통법에 의한 운전면허를 받아 조종하여야 한다(건설기계관리법 시행규칙 제73조).

35 저항은 전류의 흐름을 방해하는 것으로 저항이 크면 전류가 잘 흐르지 않는다.

36 축전지의 구비조건
- 다루기 편리할 것
- 진동에 견딜 수 있을 것
- 전기적 절연이 완전할 것
- 소형, 경량이고 수명이 길 것
- 전해액의 누설방지가 완전할 것
- 배터리의 용량이 크고 저렴할 것

37 동일한 전압의 배터리를 병렬연결 시에는 전압은 변하지 않는다.

38 건설기계에서는 전기자 코일과 계자 코일을 직렬로 연결하는 직류직권 전동기를 주로 사용한다.

남은 문제 : 22문항

★★

39 디젤 기관의 연소실에 대한 설명으로 옳지 않은 것은?

① 단실식과 복실식이 있다.
② 단실식으로 공기실식, 직접분사실식이 있다.
③ 예연소실식은 복실식이다.
④ 단실식은 열효율이 높고 연료소비율이 적다.

★★

40 디젤기관 연료여과기에 설치된 오버플로 밸브의 기능으로 적절하지 않은 것은?

① 여과기의 보호
② 소음 발생 억제
③ 연료분사 제어
④ 연료계통의 공기 배출

41 디젤기관 분사펌프에 대한 설명으로 옳지 않은 것은?

① 디젤기관에만 있는 부품이다.
② 분사펌프의 윤활은 경유로 한다.
③ 연료를 고압으로 압축하여 분사노즐로 송출하는 기능을 한다.
④ 연료 속의 이물질을 여과하고 오버플로 밸브가 장착되어 있다.

42 디젤기관 운전 중 흑색의 배기가스가 배출되는 원인으로 옳지 않은 것은?

① 압축 불량
② 노즐 불량
③ 공기청정기 고장
④ 오일링 마모

★★★

43 디젤기관의 직접 분사실식의 장점으로 볼 수 없는 것은?

① 냉각손실이 적다.
② 열효율이 높다.
③ 연료누출 염려가 적다.
④ 연료소비가 적다.

해설

39 공기실식은 복실식이다.

40 오버플로 밸브의 기능
- 연료계통 공기의 배출
- 연료필터 기관의 보호
- 분사펌프의 압송 압력 증압
- 연료공급 펌프의 소음 발생 방지

41 ④는 연료필터에 대한 설명이다.

42 흑색 배기가스는 불완전 연소로 인해 발생한다. 원인으로는 공기청정기 필터의 막힘, 연료필터의 고장, 압축 및 노즐 불량 등이 있다.

43 직접 분사실식은 구조가 간단하고 열효율이 높으며, 연료소비율과 열 변형이 적고 연소실 체적이 작아 냉각손실이 적다.

남은 문제 : 17문항

★★
44 라디에이터 압력식 캡에 대한 설명으로 옳지 않은 것은?

① 진공밸브가 내장되어 있다.
② 냉각수를 순환시키는 기능을 한다.
③ 압력을 통해 냉각수의 비등점을 높인다.
④ 냉각수를 주입하는 곳의 뚜껑 역할을 한다.

45 엔진오일이 연소실로 역류하는 가장 주된 원인은?

① 크랭크축의 마모
② 피스톤 링의 마모
③ 피스톤 핀의 마모
④ 커넥팅 로드의 마모

★★★
46 유압장치의 어큐뮬레이터의 기능으로 옳지 않은 것은?

① 일정 압력을 유지한다.
② 오일의 누출을 방지한다.
③ 유압유의 압력 에너지를 저장한다.
④ 유압펌프에서 발생하는 맥동압력을 흡수한다.

★★
47 엔진오일이 많이 소비되는 원인이 아닌 것은?

① 피스톤링의 마모가 심할 때
② 실린더의 마모가 심할 때
③ 기관의 압축압력이 높을 때
④ 밸브 가이드의 마모가 심할 때

★★★★
48 유압회로에서 방향제어 밸브의 기능으로 옳지 않은 것은?

① 액추에이터의 작동 속도를 제어한다.
② 유체의 흐르는 방향을 전환한다.
③ 유압모터의 작동 방향을 바꾼다.
④ 유체가 흐르는 방향을 한쪽으로 제한한다.

해설

44 ② 냉각수의 순환은 펌프의 역할이다.

45 피스톤 링, 실린더 벽이 마모되어 밀폐되지 못하면 오일이 연소실로 유출될 수 있다.

46 어큐뮬레이터의 기능
- 압력 보상
- 에너지 축적
- 유압회로 보호
- 체적 변화 보상
- 맥동 감쇠
- 충격 압력 흡수 및 일정 압력 유지

47 완벽하게 정비된 엔진이라면 윤활유가 잘 줄어들지 않는다. 그러나 여러 원인에 의해 윤활유가 기관 내에서 타서 없어지거나 어딘가에 틈이 생겨 새어 나가게 되면 윤활유는 줄어들게 된다. 즉, 윤활유 소비의 원인은 연소와 누설이다. 피스톤링, 실린더가 마모되면 윤활유가 연소실 내로 들어가 타게 되며, 밸브 가이드가 마모되면 윤활유가 누출된다.

48 액추에이터의 작동 속도는 유량제어 밸브에 의해 조절된다.

남은 문제 : 12문항

★★
49 유압장치에서 작동 및 움직임이 있는 곳의 연결관으로 적절한 것은?

① 플렉시블 호스 ② PVC 호스
③ 구리 파이프 ④ 납 파이프

★★★
50 유압모터의 특징으로 적절하지 않은 것은?

① 구조가 간단하다.
② 무단변속에 용이하다.
③ 크기에 비해 강한 힘을 낼 수 있다.
④ 정회전과 역회전의 변화는 불가능하다.

51 유압유의 내부 누설과 반비례하는 것은?

① 유압유의 오염도 ② 유압유의 점도
③ 유압유의 압력 ④ 유압유의 온도

★★
52 타이어의 구조에서 골격을 이루는 부분은?

① 트레드 ② 카커스
③ 사이드 월 ④ 브레이커

★
53 지게차의 조향핸들이 쏠리는 원인으로 볼 수 없는 것은?

① 바퀴의 정렬이 불량할 때
② 허브 베어링의 마모가 심할 때
③ 타이어의 공기압이 너무 낮을 때
④ 타이어 공기압이 양쪽이 다를 때

해설

49 현가장치 등 움직임이 많은 곳에는 자유롭게 구부러질 수 있는 플렉시블 호스를 이용해야 한다.

50 유압모터는 정회전과 역회전 모두 가능하다.

51 오일의 점도가 상승하면 누설은 줄어든다.

52 카커스는 타이어의 골격이며, 차체의 하중을 지지하고, 끊임없는 굴곡운동에도 충분히 견딜 수 있도록 만들어졌다.

53 타이어의 공기압이 너무 낮은 경우에는 조향 핸들이 무거워지며 한쪽으로 쏠리는 것과는 무관하다.

남은 문제 : 07문항

54 지게차 작업장치의 동력전달기구가 아닌 것은?

① 리프트 체인 ② 리프트 실린더
③ 틸트 실린더 ④ 틸트 레버

55 지게차의 구조에서 운전자 위쪽에서 적재물이 떨어져 운전자가 다치는 상황을 방지하는 구조는?

① 마스트 ② 오버헤드가드
③ 카운터웨이트 ④ 백레스트

56 지게차의 마스트를 앞뒤로 기울이는 부속은?

① 틸트 실린더 ② 리프트 실린더
③ 리프트 체인 ④ 리닝 레버

57 자동변속기의 과열 원인이 아닌 것은?

① 메인 압력이 높다.
② 오일이 규정량보다 많다.
③ 과부하 운전을 계속하였다.
④ 변속기 오일 쿨러가 막혔다.

58 리프트 체인의 일상점검사항이 아닌 것은?

① 리프트 체인 강도 점검
② 좌우 리프트 체인의 유격
③ 리프트 체인 급유 상태 확인
④ 리프트 체인 연결부의 균열 점검

해설

54 틸트 레버는 조작 레버로 지게차의 운전석에 위치한다.

55 ① 마스트는 백레스트가 상하운동을 하는 레일이다.
③ 카운터웨이트는 지게차의 균형을 잡아주는 추이다.
④ 백레스트는 포크의 화물 뒤쪽을 받쳐 낙하를 방지하는 부분이다.

56 틸트 실린더는 마스트를 전경, 후경시키는 복동 실린더이다.

57 오일의 양이 규정량보다 적으면 냉각이 제대로 이루어지지 않아 과열이 일어날 수 있다.

58 일상점검은 매일 간단하게 점검할 수 있는 내용으로 체인의 강도는 해당하지 않는다.

남은 문제 : 02문항

59 다음 표지가 있는 교차로를 향해 북쪽으로 진입 중일 때에 대한 설명으로 옳지 않은 것은?

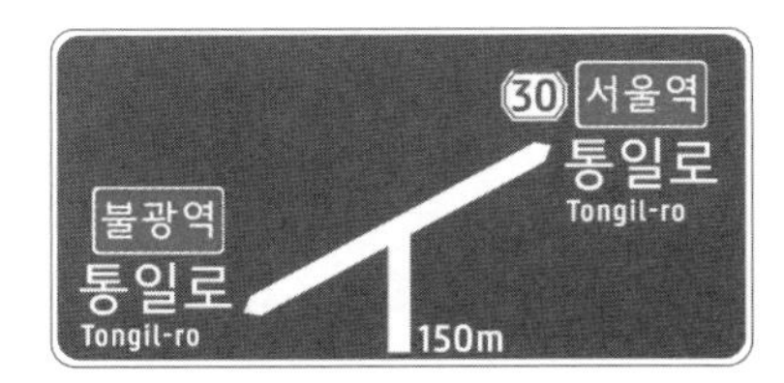

① 차량을 좌회전하는 경우 불광역 방면 통일로로 진입한다.
② 차량을 우회전하는 경우 서울역 방면 통일로로 진입한다.
③ 차량을 좌회전하는 경우 통일로의 건물번호는 커진다.
④ 150m 전방에서 교차로가 나타난다.

60 추락 위험이 있는 장소에서 작업할 때 안전관리상 어떻게 하는 것이 가장 좋은가?

① 안전띠 또는 로프를 사용한다.
② 일반 공구를 사용한다.
③ 이동식 사다리를 사용하여야 한다.
④ 고정식 사다리를 사용하여야 한다.

해설

59 북쪽 방면에 위치한 교차로이므로 불광역 방면은 서쪽, 서울역 방면은 동쪽이 된다. 도로번호는 서쪽에서 동쪽으로 설정되므로 불광역에서 서울역으로 갈수록 통일로의 건물번호는 커진다. 따라서 좌회전을 할 경우 통일로의 건물번호는 점차 작아진다.

60 추락 위험이 있는 장소에서는 사다리보다는 안전띠와 로프를 사용하는 것이 좋다.

남은 문제 : 55문항

제7회 CBT 최신 경향 모의고사

01 창고나 공장에 출입할 때 주의사항으로 틀린 것은?

① 주변의 안전 상태를 확인하고 나서 출입한다.
② 부득이 포크를 올려서 출입하는 경우에 출입구 높이에 주의한다.
③ 손이나 발을 차체 밖으로 내밀어 목적지 방향 상태를 확인한다.
④ 차폭과 입구의 폭을 확인한다.

02 디젤기관 연료 계통의 공기빼기작업이 필요한 경우가 아닌 것은?

① 연료 필터를 교환할 경우
② 예열플러그를 교환할 경우
③ 연료탱크 내의 연료가 결핍되어 보충을 해야 할 경우
④ 연료 호스나 파이프를 교환할 경우

03 공구 사용법에 대한 설명으로 틀린 것은?

① 볼트머리나 너트에 맞는 렌치를 사용하여 작업한다.
② 조정 렌치는 고정 조가 있는 부분으로 힘이 가해지게 하여 사용한다.
③ 스패너 작업은 당기면서 하는 것보다 밀어서 작업하는 것이 안전하다.
④ 스패너에 파이프 등을 끼워서 사용해서는 안 된다.

★★★
04 지게차 작업장치의 종류에 속하지 않는 것은?

① 하이 마스트 ② 리퍼
③ 사이드 클램프 ④ 힌지 버킷

05 경고표지로 사용되지 않는 것은?

① 인화성물질 경고 ② 방진마스크 경고
③ 낙하물 경고 ④ 급성독성물질 경고

해설

01 표준작업안전수칙에서는 지게차로 창고나 공장에 출입 시 손이나 발을 차 밖으로 내밀어서는 안 된다고 하고 있다.

02 연료 계통에 공기가 침입하는 원인
- 연료 계통 부품(연료 필터, 연료 파이프, 분사펌프 등)을 교환할 때
- 연료가 결핍되었을 때
- 연료 계통 각 부분의 조임이 느슨할 때

03 스패너나 렌치는 항상 당기면서 작업해야 안전하다. 밀면서 작업할 경우에는 너트나 볼트가 갑자기 느슨해졌을 때 순간적인 힘을 제어하기 어려워 손등을 주변에 부딪치는 사고가 발생할 수 있다.

04 지게차 작업장치의 종류
하이 마스트, 사이드 시프트 마스트, 프리 리프트 마스트, 트리플 스테이지 마스트, 로드 스태빌라이저, 로테이팅 클램프 마스트, 힌지 포크 · 버킷 등

05 방진마스크에 대한 안전 · 보건표지는 방진마스크의 착용을 요구하는 지시표지로 경고표지는 아니다.

남은 문제 : 55문항

★
06 기관의 오일펌프 유압이 낮아지는 원인이 아닌 것은?

① 베어링의 오일 간극이 클 때
② 윤활유의 양이 부족할 때
③ 윤활유 점도가 너무 높을 때
④ 오일펌프의 마모가 심할 때

07 조향기구장치에서 앞 액슬과 너클 스핀들을 연결하는 것은?

① 킹 핀
② 타이로드
③ 스티어링 암
④ 드래그 링크

08 다음 중 전압에 대한 설명으로 옳은 것은?

① 물질에 전류가 흐를 수 있는 정도를 나타낸다.
② 전기적인 높이, 즉 전기적인 압력을 말한다.
③ 도체의 저항에 의해 발생되는 열을 나타낸다.
④ 자유전자가 도선을 통하여 흐르는 것을 말한다.

★★★
09 일반적인 작업장에서 지켜야 할 안전사항으로 가장 거리가 먼 것은?

① 해머는 반드시 장갑을 착용하고 사용한다.
② 장비의 청소 작업은 기계를 정지 후 실시한다.
③ 안전모를 착용한다.
④ 주유 시 장비의 시동을 끈다.

10 클러치 디스크의 편 마멸, 변형, 파손 등의 방지를 위해 설치하는 스프링은?

① 쿠션 스프링
② 댐퍼 스프링
③ 편심 스프링
④ 압력 스프링

해설

06 기관의 오일펌프 유압이 낮아지는 원인
- 오일펌프의 마모가 심할 때
- 유압조절밸브 스프링의 장력이 약화되었을 때
- 윤활유가 누출되어 양이 부족할 때
- 윤활유가 희석되는 등의 이유로 점도가 낮아졌을 때
- 베어링의 오일 간극이 클 때
- 윤활유 라인에 공기가 유입되었을 때

08 ① 전기전도도에 대한 설명이다.
③ 전류가 저항에 의해 소비하는 에너지가 열로 전환되는 전류의 발열작용에 대한 설명이다.
④ 전기는 자유전자의 흐름에 의해 발생하며 자유전자와 반대 방향으로 이동하는 전하의 흐름은 전류라고 한다.

09 해머 작업 중 장갑 착용은 손잡이의 미끄러짐을 유발할 수 있다. 따라서 해머 작업은 기름이 묻지 않은 손으로 하며, 장갑을 착용하는 경우에는 미끄럼 방지 처리가 되어 있는 장갑을 착용해야 한다.

10 쿠션 스프링은 클러치가 연결되었을 때, 충격을 흡수하며 약간 압축된다. 클러치의 비틀림, 편 마모 등을 방지한다.

남은 문제 : 50문항

★★★★★
11 다음 중 도로교통법에서 주차를 금지하고 있는 장소가 아닌 것은?

① 교차로의 가장자리로부터 5m 이내인 곳
② 소방용수시설 또는 소화설비, 경보설비 등 소방시설이 설치된 곳으로부터 5m 이내인 곳
③ 전신주로부터 20m 이내인 곳
④ 터널 안 및 다리 위

★★★
12 지게차의 작동레버로 포크로 물건을 올리고 내리는 데 사용하는 것은?

① 사이드 레버　② 리프트 레버
③ 틸트 레버　④ 변속 레버

★★
13 유압장치에서 가변용량형 유압펌프를 나타내는 기호는?

①　②
③　④

14 지게차의 조향핸들에서 바퀴까지의 조작력 전달순서로 다음 중 가장 적합한 것은?

① 핸들 → 피트먼 암 → 드래그링크 → 조향기어 → 타이로드 → 조향암 → 바퀴
② 핸들 → 드래그링크 → 조향기어 → 피트먼 암 → 타이로드 → 조향암 → 바퀴
③ 핸들 → 조향암 → 조향기어 → 드래그링크 → 피트먼 암 → 타이로드 → 바퀴
④ 핸들 → 조향기어 → 피트먼 암 → 드래그링크 → 타이로드 → 조향암 → 바퀴

15 도로에서 차의 신호에 대한 설명으로 옳지 않은 것은?

① 방향전환을 할 시에는 신호를 하여야 한다.
② 진로변경의 행위가 다른 차의 통행에 장애를 줄 경우 진로를 변경해서는 안 된다.
③ 신호의 시기 및 방법은 운전자가 편한 대로 한다.
④ 진로변경 시에는 손이나 등화로 신호할 수 있다.

해설

11 주차금지의 장소(도로교통법 제33조)
- 터널 안 및 다리 위
- 도로공사를 하고 있는 경우에는 그 공사 구역의 양쪽 가장자리로부터 5미터 이내인 곳
- 다중이용업소의 영업장이 속한 건축물로 소방본부장의 요청에 의하여 시 · 도경찰청장이 지정한 곳으로부터 5미터 이내인 곳
- 시 · 도경찰청장이 도로에서의 위험을 방지하고 교통의 안전과 원활한 소통을 확보하기 위하여 필요하다고 인정하여 지정한 곳

12 포크는 리프트 레버와 틸트 레버를 통해 움직일 수 있다. 리프트 레버는 포크를 올리고 내리는 데 사용하며, 틸트 레버는 포크를 앞뒤로 기울이는 데 사용한다.

13 ① 정용량형 유압모터
③ 단동 실린더
④ 유량조절밸브(가변교축밸브)

15 ③ 신호를 하는 시기와 방법은 대통령령으로 정한다(도로교통법 제38조제2항).

남은 문제 : 45문항

★★
16 드릴 작업 시 주의해야 할 사항으로 틀린 것은?

① 드릴을 끼운 후 척 렌치는 그대로 둔다.
② 칩을 제거할 때는 회전을 중지한 상태에서 솔로 제거한다.
③ 일감은 견고하게 고정시키며, 손으로 잡고 구멍을 뚫지 않도록 주의한다.
④ 머리가 긴 사람은 묶어서 드릴에 말리지 않도록 주의한다.

17 인력으로 운반 작업을 할 때 틀린 것은?

① 드럼통과 LPG 봄베는 굴려서 운반한다.
② 긴 물건은 앞쪽을 위로 올린다.
③ 공동운반에서는 서로 협조를 하여 작업한다.
④ 무리한 몸가짐으로 물건을 들지 않는다.

18 지게차의 포크를 상승 및 하강시키는 유압 실린더의 방식은?

① 복동식 ② 틸트식
③ 왕복식 ④ 단동식

★★
19 유압 액추에이터의 역할로 옳은 것은?

① 유압을 일로 바꾸는 장치
② 유압의 오염을 방지하는 장치
③ 유압의 방향을 바꾸는 장치
④ 유압의 빠르기를 조정하는 장치

20 시동을 걸 때 점검해야 할 사항으로 맞지 않는 것은?

① 윤활계통의 공기빼기가 잘 되었는지 확인한다.
② 라디에이터 캡을 열고 냉각수가 채워져 있는지 확인한다.
③ 오일레벨 게이지로 점검하여 윤활유가 정상적인지 확인한다.
④ 배터리 충전이 정상적으로 되어 있는지 확인한다.

★★★★
21 유압장치의 구성요소가 아닌 것은?

① 제어밸브 ② 차동장치
③ 유압모터 ④ 유압펌프

해설

16 드릴을 끼운 후 척 렌치(척키)는 반드시 빼 두어야 한다.

17 LPG 봄베는 넘어짐 등으로 인한 충격이 가해졌을 때 사고를 유발할 수 있으므로 굴려서 운반하면 안 된다.

18 포크는 상승 시에만 유압이 공급되고, 하강 시에는 중력의 힘을 이용하는 단동식 유압 실린더에 의해 움직인다.

19 유압 액추에이터는 유압펌프로부터 공급된 작동유의 유압을 기계적인 일로 변환시키는 장치이다.

20 윤활계통은 기관이 정지되어 윤활유가 크랭크실 내에 안착되어 있을 때 정확히 측정할 수 있기 때문에 운전 전에 점검해야 할 사항으로 적절하다.

21 차동장치는 주행 중 선회할 시 안쪽과 바깥쪽 바퀴의 회전수를 조정해 주는 장치로 유압계통과 관련이 없다.

남은 문제 : 39문항

22 지게차의 이동작업 중 주의사항으로 틀린 것은?

① 화물 아래에 사람이 서 있거나 지나가게 해서는 안 된다.
② 보행자와 장애물을 주의하여 운전한다.
③ 경사면에서 운행할 때는 화물을 경사면 아래쪽을 향하게 한다.
④ 경사면에서 운행할 때는 화물을 경사면 위쪽으로 향하게 한다.

★
23 기관에 사용되는 시동모터가 회전이 안 되거나 회전력이 약한 원인이 아닌 것은?

① 브러시가 정류자에 잘 밀착되어 있다.
② 배터리 전압이 낮다.
③ 시동스위치 접촉 불량이다.
④ 배터리 단자와 터미널의 접촉이 나쁘다.

★★★
24 유압모터의 특징이 아닌 것은?

① 관성력이 크며, 소음이 크다.
② 광범위한 무단변속을 얻을 수 있다.
③ 급정거를 쉽게 할 수 있다.
④ 작동이 신속, 정확하다.

25 지게차가 완충장치(현가스프링)을 사용하지 않는 이유는?

① 롤링 시 적하물이 떨어지기 때문이다.
② 작업 능률이 저하되기 때문이다.
③ 리프트 실린더가 포크를 상승, 하강시키기 때문이다.
④ 후륜 조향장치이기 때문이다.

26 마스트 점검 사항으로 틀린 것은?

① 각종 볼트 및 클램프류의 풀림 상태를 점검한다.
② 리프트 실린더의 로드 부위를 깨끗하게 유지한다.
③ 작업을 하지 않을 때는 포크를 약 30cm 올려놓아야 한다.
④ 작동 오일이 흐르는 부위의 피팅, 호스류들의 누유를 점검한다.

해설

22 화물을 적재한 지게차로 경사면을 운행할 시 화물은 항상 위쪽을 향하도록 해야 한다. 만약 화물을 싣고 경사 아래로 내려가야 한다면 후진으로 내려온다.

23 브러시와 정류자의 밀착이 불량하면 시동모터의 회전에 문제가 발생할 수 있다.

24 유압모터는 관성력이 작고 소음이 작다.

25 현가스프링을 사용하면 롤링(좌우 진동)이 발생하여 적하물이 떨어질 수 있기 때문이다.

26 지게차의 포크는 주차 시 바닥까지 완전히 내리며 주행 시에도 20cm 이상 들어 올리지 않도록 한다.

남은 문제 : 34문항

27 소형 또는 대형 건설기계조종사 면허증 발급 신청 시 첨부하는 서류의 종류가 아닌 것은?

① 국가기술자격증 정보
② 신체검사서
③ 소형건설기계 조종교육이수증(소형면허 신청 시)
④ 주민등록등본

★★

28 건설기계검사의 종류에 해당되는 것은?

① 계속검사 ② 임시검사
③ 예비검사 ④ 수시검사

29 지게차에 물건을 실을 때 무거운 물건의 무게중심은 어디에 두는 것이 적당한가?

① 상부 ② 중부
③ 하부 ④ 좌측이나 우측

★★

30 다음 그림이 의미하는 밸브는?

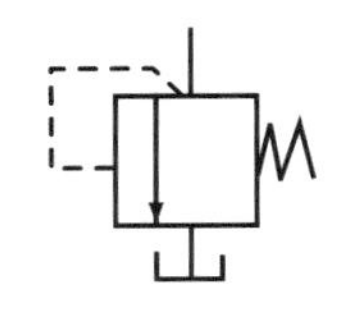

① 시퀀스 밸브
② 감압 밸브
③ 릴리프 밸브
④ 무부하 밸브

★★★★

31 둘 이상의 분기회로를 가질 때 각 유압 실린더를 일정한 순서로 순차 작동시키고자 할 때 사용하는 것은?

① 체크 밸브 ② 교축 밸브
③ 언로드 밸브 ④ 시퀀스 밸브

해설

28 건설기계의 검사에는 신규등록검사, 정기검사, 구조변경검사, 수시검사가 있다.

30 ① 시퀀스 밸브 :
② 감압 밸브 :
④ 무부하 밸브 :

31 시퀀스 밸브는 2개 이상의 분기회로가 있는 회로에서 작동 순서를 회로의 압력 등으로 제어하는 밸브이다.

남은 문제 : 29문항

32 지게차 브레이크 장치가 갖추어야 할 조건으로 틀린 것은?

① 신뢰성과 내구성이 뛰어날 것
② 점검 및 조정이 쉬울 것
③ 작동이 확실할 것
④ 큰 힘으로 작동될 것

★
33 가연물에 따라 화재를 분류할 때, 다음 중 유류화재는?

① D급 화재 ② C급 화재
③ B급 화재 ④ A급 화재

34 지게차의 조향 릴리프 압력에 대한 설명으로 틀린 것은?

① 압력 측정은 조향 핸들을 한쪽 방향으로 완전히 꺾고 측정한다.
② 압력을 규정치 이상으로 조정하면 유압라인이 파손될 수 있다.
③ 압력 게이지는 메인 유압펌프의 게이지 포트에 설치한다.
④ 압력 측정은 엔진 회전수가 낮을 때 측정한다.

35 수랭식 기관의 과열 원인이 아닌 것은?

① 냉각수 부족
② 송풍기 고장
③ 구동벨트 장력이 작거나 파손
④ 라디에이터 코어가 막혔을 때

★★★
36 건설기계관리법상 조종사 면허를 받은 자가 면허의 효력이 정지된 때는 그 사유가 발생한 날부터 며칠 이내에 주소지를 관할하는 시장·군수 또는 구청장에게 그 면허증을 반납해야 하는가?

① 60일 이내 ② 100일 이내
③ 10일 이내 ④ 30일 이내

해설

32 제동에는 큰 마찰력이 필요하지만 브레이크는 그 마찰력의 크기보다 아주 작은 힘으로도 작동할 수 있어야 한다.

33 화재의 종류
- A급 화재 : 일반화재
- B급 화재 : 유류화재
- C급 화재 : 전기화재
- D급 화재 : 금속화재
- E급 화재 : 가스화재
- K급 화재 : 주방화재

34 압력을 측정할 때 엔진의 회전수는 주행 시의 수준까지 올려야 한다.

35 수랭식 기관의 과열 원인으로 냉각수량 부족, 냉각팬 파손, 구동벨트 장력이 작거나 파손, 수온조절기가 닫힌 채 고장, 라디에이터 코어 파손 등이 있다. 송풍기는 공랭식과 관련이 있다.

36 건설기계조종사 면허를 받은 사람은 면허가 취소된 때, 면허의 효력이 정지된 때, 면허증의 재교부를 받은 후 잃어버린 면허증을 발견한 때에는 그 사유가 발생한 날부터 10일 이내에 시장·군수 또는 구청장에게 그 면허증을 반납해야 한다(건설기계관리법 시행규칙 제80조제1항).

남은 문제 : 24문항

★★
37 유압 작동유의 점도가 너무 높을 때 발생되는 현상으로 맞는 것은?

① 동력 손실의 증가　② 내부 누설의 증가
③ 펌프 효율의 증가　④ 마찰 마모 감소

38 기관의 크랭크축 베어링의 구비조건으로 볼 수 없는 것은?

① 내피로성이 있을 것　② 매입성이 있을 것
③ 마찰 계수가 클 것　④ 추종 유동성이 있을 것

39 수동변속기가 장착된 지게차의 변속기 설치 이유와 거리가 먼 것은?

① 기관 시동 시 기관을 무부하 상태로 하기 위해
② 지게차의 전체 중량을 감소시키기 위해
③ 전진과 후진을 위해
④ 기어 변속 시 기관의 동력을 차단하기 위해

★
40 작업현장에서 사용되는 안전표지 색으로 잘못 짝지어진 것은?

① 빨간색 – 방화 표시
② 노란색 – 충돌, 추락 주의 표시
③ 녹색 – 비상구 표시
④ 보라색 – 안전지도 표시

41 건설기계사업자가 영업의 양도를 할 때, 시장이나 군수는 건설기계사업자의 지위를 승계한 자의 신고수리 여부를 신고를 받은 날로부터 며칠 이내에 통지하여야 하는가?

① 14일　② 5일
③ 7일　④ 10일

해설

37 유압유의 점도가 높을 경우 유압이 높아지며 관내의 마찰 손실에 의해 동력 손실이 유발될 수 있으며 열이 발생할 수 있고, 이에 의해 소음이나 공동현상이 발생할 수 있다.

38 크랭크축 베어링의 필수조건
- 마찰 계수가 작을 것
- 고온 강도가 크고 길들임성이 좋을 것
- 내피로성, 내부식성, 내마멸성이 클 것
- 매입성, 추종 유동성, 하중 부담 능력이 있을 것

39 기어 변속 시 기관의 동력을 차단하는 것은 클러치의 역할이다.

40 안전지도, 지시를 표현하기 위해서는 파란색을 이용한다. 흰색의 경우 파란색 또는 녹색에 대한 보조색, 검은색은 문자 및 빨간색 또는 노란색에 대한 보조색으로 사용한다.

41 시장 · 군수 또는 구청장은 건설기계사업자의 지위를 승계한 자의 신고를 받은 날부터 10일 이내에 신고수리 여부를 신고인에게 통지하여야 한다(건설기계관리법 제24조의2제5항).

남은 문제 : 19문항

★★★
42 작업장에서 안전모, 작업화, 작업복을 착용하도록 하는 이유는?

① 작업자의 복장을 통일하기 위하여
② 작업자의 정신 통일을 위하여
③ 공장의 미관을 위하여
④ 작업자의 안전을 위하여

★★
43 지게차의 작업장치를 나열한 것으로 틀린 것은?

① 틸트실린더, 포크
② 백레스트, 리프트 실린더
③ 변속기, 클러치
④ 마스트, 캐리지

★★
44 교류발전기에서 교류를 직류로 바꾸어주는 것은?

① 계자 ② 다이오드
③ 브러시 ④ 슬립링

★
45 디젤기관 냉각장치에서 냉각수의 비등점을 높여주기 위해 설치된 부품으로 옳은 것은?

① 코어 ② 보조탱크
③ 냉각핀 ④ 압력식 캡

★★★★
46 소유자의 신청이나 시 · 도지사의 직권으로 건설기계의 등록을 말소할 수 있는 사유에 해당하지 않는 것은?

① 건설기계를 수출하는 경우
② 건설기계를 폐기한 경우
③ 건설기계를 교육 · 연구 목적으로 사용하는 경우
④ 건설기계를 장기간 운용하지 않을 경우

해설

42 안전모와 작업화, 작업복은 재해로부터 작업자의 신체를 보호하기 위해서 착용해야 한다.

43 변속기와 클러치는 동력전달장치이다.

44 교류발전기에서 다이오드는 정류기 역할을 하여 교류를 직류로 변환시킨다.

45 압력식 캡은 냉각수에 압력을 가해 비등점(끓는점)을 높인다.

남은 문제 : 14문항

47 6기통 기관이 4기통 기관보다 좋은 점이 아닌 것은?

① 가속이 원활하고 신속하다.
② 저속회전이 용이하고 출력이 높다.
③ 기관 진동이 적다.
④ 구조가 간단하여 제작비가 싸다.

48 지게차의 자체 중량에 포함되지 않는 것은?

① 연료　② 냉각수
③ 운전자　④ 예비타이어

★
49 유압오일에서 온도에 따른 점도 변화 정도를 표시하는 것은?

① 점도지수　② 관성력
③ 윤활성　④ 점도분포

50 디젤기관의 노킹 발생원인과 다른 것은?

① 기관이 과도하게 냉각되어 있다.
② 노즐의 분무상태가 불량하다.
③ 착화기간 중 분사량이 많다.
④ 세탄가가 높은 연료를 사용하였다.

★
51 동력전달장치에서 클러치판은 어떤 축의 스플라인에 끼워져 있는가?

① 추진축　② 차동기어장치
③ 크랭크축　④ 변속기 입력축

52 중량물을 들어 올리거나 내릴 때 손이나 발이 중량물과 지면 등에 끼어 발생하는 재해는?

① 협착　② 전도
③ 낙하　④ 충돌

해설

47 6기통 기관은 가속이 원활하고 신속하며 저속회전이 용이하고 출력이 높다. 또한 기관 진동이 적다는 장점이 있다. 반면, Y자 형태의 블록을 사용하게 되므로 구조가 복잡하여 제작비가 비싼 단점이 있다.

49 점도지수는 오일이 온도의 변화에 따라 점도가 변하는 정도를 수치로 나타낸 것이다.

50 세탄가가 높은 연료를 사용하면 착화성이 좋아져 노킹이 방지된다.

51 클러치판은 변속기 입력축의 스플라인에 끼워져 있어 변속을 위해 동력을 단속해 주는 역할을 한다.

52 전도는 사람이나 장비가 넘어지는 경우, 낙하는 떨어지는 물체에 맞는 경우, 충돌은 사람이나 장비가 정지한 물체에 부딪히는 경우를 말한다.

남은 문제 : 08문항

★★★
53 유압유의 흐름을 한쪽으로만 허용하고 반대방향의 흐름을 제어하는 밸브는?

① 매뉴얼 밸브 ② 릴리프 밸브
③ 카운터 밸런스 밸브 ④ 체크 밸브

★★★★
54 건설기계 등록번호표의 색칠 기준으로 틀린 것은?

① 영업용 – 주황색 바탕에 검은색 문자
② 자가용 – 흰색 바탕에 검은색 문자
③ 관용 – 흰색 바탕에 검은색 문자
④ 수입용 – 적색 바탕에 흰색 문자

55 카운터밸런스 지게차 마스트 후경각의 일반적인 최대치는?

① 15° ② 9°
③ 6° ④ 12°

★
56 유압탱크의 부속장치가 아닌 것은?

① 배유구 ② 피스톤 로드
③ 유면계 ④ 배플 플레이트

★
57 유압장치의 일상점검항목이 아닌 것은?

① 오일의 양 점검
② 탱크 내부 점검
③ 변질상태 점검
④ 오일의 누유 여부 점검

58 디젤기관의 과급기에 대한 설명으로 틀린 것은?

① 흡입 공기에 압력을 가해 공기를 공급한다.
② 배기 터빈과급기는 주로 원심식이 가장 많이 사용된다.
③ 과급기를 설치하면 엔진 중량과 출력이 감소된다.
④ 체적효율을 높이기 위해 인터쿨러를 사용한다.

해설

53 체크 밸브는 방향제어 밸브의 일종으로 유압의 흐름을 한 방향으로만 통과시키며 역방향의 흐름을 막는다.

55 카운터밸런스 지게차의 전경각은 6도 이하, 후경각은 12도 이하여야 한다(건설기계 안전기준에 관한 규칙 제20조제3항).

56 피스톤 로드는 액추에이터 및 실린더를 구성하는 부속장치이다.

57 탱크 내부의 점검은 일상점검보다는 반기나 연간 단위로 정기점검을 하는 것이 적절하다.

58 과급기는 엔진에 고밀도 공기를 공급하고 더 많은 산소를 공급하여 연소 효율을 높이는 장치로 과급기를 설치하면 엔진의 중량이 약간 증가하고 출력은 중량 증가분에 비해 큰 폭으로 상승한다.

남은 문제 : 02문항

★★★
59 지게차의 타이어 트레드에 대한 설명으로 틀린 것은?

① 타이어의 공기압이 높으면 가장자리보다 중앙부의 마모가 크다.
② 트레드가 마모되면 구동력과 선회력이 저하된다.
③ 트레드가 마모되면 열의 발산이 불량하게 된다.
④ 트레드가 마모되면 지면과 접촉 면적이 크게 됨으로써 마찰력이 증대되어 제동성능은 좋아진다.

★★★★
60 건설기계관리법상 건설기계사업에 해당하는 것이 아닌 것은?

① 건설기계매매업 ② 건설기계제작업
③ 건설기계대여업 ④ 건설기계정비업

해설

59 트레드가 마모된 타이어는 마른 노면에서는 더 좋은 제동성능을 보이지만, 젖은 노면에서는 수막현상을 일으켜 제동성능이 크게 떨어지므로 반드시 교체해야 한다.

60 건설기계관리법상의 건설기계사업은 건설기계대여업, 건설기계정비업, 건설기계매매업, 건설기계해체재활용업을 말한다.

제8회 CBT 최신 경향 모의고사

01 도로교통법상 어린이와 유아는 몇 살 미만의 사람을 말하는가?

① 12세 – 6세　② 13세 – 7세
③ 13세 – 6세　④ 12세 – 7세

02 지게차로 화물을 운반할 때 마스트를 몇 도 정도 기울여야 하는가?

① 3°　② 6°
③ 10°　④ 12°

★
03 건설기계대여업의 등록을 하려는 자는 국토교통부령이 정하는 서류를 첨부하여 어디에 등록신청서를 제출하여야 하는가?

① 국토교통부장관　② 도지사
③ 시장, 군수 또는 구청장　④ 고용노동부장관

04 지게차 운행에 따른 안전수칙으로 틀린 것은?

① 화물이 커서 앞을 가릴 때는 후진으로 주행한다.
② 경사지에서 화물을 싣고 내려갈 때는 후진으로 내려간다.
③ 화물을 내릴 때 포크는 뒤로 기울인 상태에서 내린다.
④ 사람을 포크에 태우고 상하조작을 해서는 안 된다.

★★★
05 직류발전기와 비교한 교류발전기의 특징으로 틀린 것은?

① 전류조정기만 있으면 된다.
② 브러시의 수명이 길다.
③ 소형이며 경량이다.
④ 저속 시에도 충전이 가능하다.

해설

01 도로교통법상 어린이는 13세 미만인 사람을, 영유아는 6세 미만인 사람을 말한다.

02 운반 중 마스트를 뒤로 약 6° 정도 경사시킨다.

03 건설기계대여업의 등록을 하려는 자는 건설기계대여업등록신청서에 국토교통부령이 정하는 서류를 첨부하여 시장·군수 또는 구청장에게 제출하여야 한다(건설기계관리법 시행령 제13조).

04 포크는 핑거 보드에 체결되어 화물을 받쳐 드는 부분으로 L자형 구조물 2개로 이루어져 있다. 포크의 끝은 항상 안쪽으로 경사지게 하여 화물을 안정적으로 받쳐 들 수 있도록 해야 한다. 화물을 하역할 때는 마스트를 수직으로 하고 포크를 수평으로 한 후 한다.

05 교류발전기의 특징
저속에서 충전이 가능, 전압조정기만 필요함, 소형 경량, 브러시 수명이 길, 출력이 크고 고속회전에 잘 견딤

남은 문제 : 55문항

해설

★★
06 다음의 기호가 의미하는 것은?

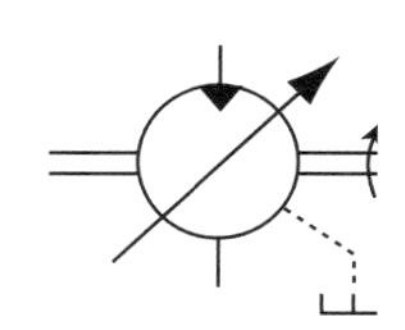

① 유압 모터
② 유압 펌프
③ 공기압 모터
④ 요동 모터

★★★
07 디젤기관에서 연료라인에 공기가 혼입되었을 때의 현상으로 맞는 것은?

① 분사압력이 높아진다.
② 디젤 노크가 일어난다.
③ 연료 분사 량이 많아진다.
④ 기관 부조 현상이 발생된다.

07 연료라인에 공기가 혼입되면 연료가 불규칙하게 공급되어 부조가 발생한다.

08 건설기계장비가 시동되지 않아 시동장치를 점검하려고 한다. 적절하지 않은 것은?

① 시동전동기의 손상 및 파손 여부 점검
② 축전지의 단선 및 접촉상태 점검
③ 발전기의 성능 점검
④ 마그넷 스위치 점검

08 발전기는 축전지 충전장치이다.

★★★★
09 지게차의 조종 레버에 대한 설명으로 옳지 않은 것은?

① 리프트 레버를 당기면 포크가 올라간다.
② 틸트 레버를 밀면 마스트가 앞으로 기울어진다.
③ 틸트 레버를 놓으면 자동으로 중립 위치로 복원된다.
④ 리프트 레버를 놓으면 자동으로 중립 위치로 복원되지 않는다.

09 리프트 레버를 놓으면 자동으로 중립 위치로 복원된다.

★★★★★
10 대형 지게차의 마스트를 기울일 때 갑자기 시동이 정지되면 어떤 밸브가 작동하여 그 상태를 유지하는가?

① 틸트록 밸브 ② 스로틀 밸브
③ 리프트 밸브 ④ 틸트 밸브

10 틸트록 밸브는 엔진 정지 시 틸트 실린더의 작동을 억제한다.

남은 문제 : 50문항

★
11 **다음 중 전류의 3대 작용이 아닌 것은?**

① 발열작용 ② 자정작용
③ 자기작용 ④ 화학작용

★
12 **수공구 작업 시 옳지 않은 행동은?**

① 펀치 작업 시 문드러진 펀치 날은 연마하여 사용한다.
② 줄 작업 시 줄의 손잡이가 줄 자루에 정확하고 단순하게 끼워져 있는지 확인한다.
③ 정 작업 시에는 작업복 및 보호안경을 착용한다.
④ 스패너 사용 시 스패너로 볼트를 죌 때는 앞으로 당기고 풀 때는 뒤로 민다.

13 **지게차가 커브를 돌 때 장비의 회전을 원활히 하는 장치는?**

① 차동기어장치 ② 유니버설 조인트
③ 변속기 ④ 최종 구동기어

14 **지게차 운전 중 다음과 같은 경고등이 점등되었다. 경고등의 명칭은?**

① 배터리 경고등
② 에어크리너 경고등
③ 차량방전 경고등
④ 연료 없음 경고등

15 **건설기계의 조종 중 고의로 인명피해를 입힌 경우 처분으로 옳은 것은?**

① 면허효력정지 15일 ② 면허효력정지 30일
③ 면허효력정지 45일 ④ 면허취소

해설

11 전류의 3대 작용
- 발열작용 : 도체 내의 저항으로 인하여 도체에 전류가 흐를 때 열이 발생하는 현상
- 자기작용 : 전선이나 코일에 전류가 흐를 때 나타나는 현상
- 화학작용 : 전해액에 전류가 흐를 때 일어나는 현상

12 스패너를 죄고 풀 때는 항상 앞으로 당긴다. 몸 쪽으로 당길 때 힘이 걸리도록 한다.

13 차동기어장치는 차량의 좌우 바퀴 회전수 변화를 가능하게 하여 요철이 심한 길이나 도로를 선회할 때 무리 없이 회전할 수 있게 한다.

15 건설기계의 조종 중 고의로 인명피해를 입힌 때 : 면허취소

남은 문제 : 45문항

★★
16 건설기계조종사 면허가 취소되거나 효력정지 처분을 받은 후에도 건설기계를 계속하여 조종한 자에 대한 벌칙은?

① 50만 원 이하의 벌금
② 100만 원 이하의 벌금
③ 1년 이하의 징역 또는 1천만 원 이하의 벌금
④ 2년 이하의 징역 또는 2천만 원 이하의 벌금

★★
17 다음 중 건설기계관리법에 의한 건설기계가 아닌 것은?

① 불도저　② 덤프트럭
③ 아스팔트피니셔　④ 트레일러

18 지게차에 화물을 적재하고 주행할 때의 주의사항이다. 바르지 못한 것은?

① 경사진 길을 내려갈 때는 브레이크를 자주 밟게 되어 베이퍼 록이 발생하므로 변속레버를 중립에 두고 내려간다.
② 적재한 화물로 인해 전방시야가 확보되지 않은 경우에는 후진으로 천천히 진행하거나 유도자의 도움을 받는다.
③ 경사진 곳에서 화물을 운반할 때는 오르막에서는 전진으로 내리막에서는 후진으로 운행한다.
④ 적재물이 백레스트에 완전히 닿도록 한 후 운행한다.

★★★
19 다음 중 유압모터의 장점이 될 수 없는 것은?

① 공기와 먼지 등이 침투하여도 성능에는 영향을 주지 않는다.
② 소형 경량으로서 큰 출력을 낼 수 있다.
③ 속도나 방향 제어가 용이하다.
④ 무단변속이 용이하다.

해설

16 건설기계조종사 면허가 취소되거나 건설기계조종사면허의 효력정지처분을 받은 후에도 건설기계를 계속하여 조종한 자는 1년 이하의 징역 또는 1천만 원 이하의 벌금에 처한다(건설기계관리법 제41조).

17 건설기계의 범위(건설기계관리법 시행령 별표1)
불도저, 굴착기, 로더, 지게차, 스크레이퍼, 덤프트럭, 기중기, 모터그레이더, 롤러, 노상안정기, 콘크리트뱃칭플랜트, 콘크리트피니셔, 콘크리트살포기, 콘크리트믹서트럭, 콘크리트펌프, 아스팔트믹싱플랜트, 아스팔트피니셔, 아스팔트살포기, 골재살포기, 쇄석기, 공기압축기, 천공기, 항타 및 항발기, 자갈채취기, 준설선, 특수건설기계, 타워크레인

18 경사진 곳을 주행할 때 베이퍼 록을 방지하는 가장 좋은 방법은 엔진브레이크를 사용하는 것이다.

19 유압모터의 단점
- 작동유가 누출되면 작업 성능에 지장이 있다.
- 작동유의 점도변화로 유압모터의 사용에 제약이 따를 수 있다.
- 작동유에 먼지나 공기가 침입하지 않도록 특히 보수에 신경 써야 한다.

남은 문제 : 41문항

20 다음은 지게차의 어느 부분을 설명한 것인가?

- 마스트와 프레임 사이에 설치된다.
- 마스트를 전경 또는 후경시키는 작용을 한다.
- 레버를 밀면 마스트가 앞으로 기울고, 당기면 마스트가 뒤로 기울어진다.

① 틸트 실린더 ② 리프트 실린더
③ 마스트 실린더 ④ 슬라이딩 실린더

★
21 교차로에서의 좌회전 방법으로 가장 적절한 것은?

① 운전자 편리한 대로 운전한다.
② 교차로 중심 바깥쪽으로 서행한다.
③ 교차로 중심 안쪽으로 서행한다.
④ 앞차의 주행방향으로 따라가면 된다.

★★★★
22 도로교통법상 가장 우선하는 신호체계는?

① 운전자의 수신호 ② 안전표지의 지시사항
③ 신호기의 신호 ④ 경찰공무원의 수신호

23 안전보호구 선택 시 유의사항이 아닌 것은?

① 작업하는 데 방해가 되지 않아야 한다.
② 착용이 용이하고 사용자에게 편리해야 한다.
③ 식별하기 쉽도록 제작되었다면 품질이 다소 떨어져도 무방하다.
④ 보호구 검정에 합격하고 보호성능이 보장되어야 한다.

24 다음 표지판이 나타내는 의미는?

① 차 중량 제한
② 차폭 제한
③ 차 높이 제한
④ 차간거리 확보

해설

20 리프트 실린더는 포크를 상승·하강시키는 작용을 하며 틸트 실린더는 마스트를 전경 또는 후경시키는 작용을 한다.

21 모든 차의 운전자는 교차로에서 좌회전을 하려는 경우에는 미리 도로의 중앙선을 따라 서행하면서 교차로의 중심 안쪽을 이용하여 좌회전하여야 한다. 다만 시·도경찰청장이 교차로의 상황에 따라 특히 필요하다고 인정하여 지정한 곳에서는 교차로의 중심 바깥쪽을 통과할 수 있다(도로교통법 제25조).

22 도로를 통행하는 보행자, 차마 또는 노면전차의 운전자는 교통안전시설이 표시하는 신호 또는 지시와 교통정리를 하는 경찰공무원 또는 경찰보조자(이하 "경찰공무원 등"이라 한다)의 신호 또는 지시가 서로 다른 경우에는 경찰공무원 등의 신호 또는 지시에 따라야 한다(도로교통법 제5조제2항).

23 안전보호구는 위험요인으로부터 작업자를 완벽하게 방호할 수 있을 정도의 최상의 품질로 제작되어야 하고 그러한 제품을 사용해야 한다.

남은 문제 : 36항

★
25 오토기관에 비해 디젤기관의 장점이 아닌 것은?

① 화재의 위험이 적다.
② 열효율이 높다.
③ 가속성이 좋고 운전이 정숙하다.
④ 연료 소비율이 낮다.

★★★
26 지게차를 주차할 때 취급사항으로 틀린 것은?

① 포크를 지면에 완전히 내린다.
② 기관을 정지한 후 주차 브레이크를 작동시킨다.
③ 시동을 끈 후 시동스위치의 키는 그대로 둔다.
④ 포크의 선단이 지면에 닿도록 마스트를 전방으로 적절히 경사시킨다.

★
27 축전지를 사용하게 되면 서서히 방전이 되기 시작해 일정 전압 이하로 방전될 경우 방전을 멈추는데 이때의 전압을 무엇이라 하는가?

① 방전전압 ② 방전종지전압
③ 충전전압 ④ 방전완료전압

28 시동전동기에서 발생한 회전력을 엔진 플라이 휠의 링 기어로 전달하여 크랭크축을 구동해 차량을 시동상태로 만들 때의 스위치는?

① ACC ② ON
③ START ④ LOCK

★★★
29 지게차의 리프트 실린더 작동회로에 사용되는 플로우 레귤레이터(슬로우 리턴 밸브)의 역할은?

① 포크의 하강속도를 조절하여 포크가 천천히 내려오도록 한다.
② 포크 상승 시 작동유의 압력을 높여준다.
③ 짐을 하강시킬 때 신속하게 내려오도록 한다.
④ 포크가 상승하다가 리프트 실린더 중간에서 정지 시 실린더 내부누유를 방지한다.

해설

25 디젤기관은 가솔린기관에 비하여 열효율이 높고 연료 소비율이 적다. 연료의 인화점이 높아 그 취급이나 저장에 위험이 적고 대형기관의 제작을 가능하게 한다.

26 지게차를 주차시킬 때 기관이 완전히 정지된 것을 확인한 후 시동스위치 키를 빼내 안전한 장소에 보관한다.

27 축전지를 사용하는 경우 단자 전압이 0으로 되기까지 방전시키지 않고, 어느 한도의 전압까지 강하하면 방전을 멈추게 한다. 일반적으로는 정상 전압의 90% 정도에 설정한다. 이러한 사용 방법에 의해서 전지의 수명을 길게 한다.

29 지게차의 리프트 실린더 작동회로에 사용되는 플로우 레귤레이터(슬로우 리턴 밸브)는 포크를 천천히 하강하도록 작용한다.

남은 문제 : 31문항

★★★
30 경사진 지역에서 지게차 운전방법으로 옳지 않은 것은?

① 경사지를 오르거나 내려올 때는 급회전을 금해야 한다.
② 운반물을 적재하여 경사지를 주행할 때는 짐이 언덕 위로 향하도록 한다.
③ 운반물을 적재하여 경사지를 주행할 때는 짐이 언덕 아래로 향하도록 한다.
④ 화물을 적재하고 경사지를 내려갈 때는 후진으로 운행해야 한다.

31 유압장치에서 고압 소용량, 저압 대용량 펌프를 조합 운전할 때, 작동압이 규정 압력 이상으로 상승 시 동력 절감을 하기 위해 사용하는 밸브는?

① 감압 밸브 ② 릴리프 밸브
③ 시퀀스 밸브 ④ 무부하 밸브

32 다음 엔진오일 중 오일점도가 가장 낮은 것은?

① SAE #40 ② SAE #10
③ SAE #20 ④ SAE #30

★★★★
33 엔진식 지게차의 일반적인 조향 방식은?

① 앞바퀴 조향방식이다.
② 뒷바퀴 조향방식이다.
③ 허리꺾기 조향방식이다.
④ 작업조건에 따라 가변적이다.

★★
34 내부가 보이지 않는 병 속에 들어있는 약품을 냄새로 알아보고자 할 때 안전상 가장 적합한 방법은?

① 종이로 적셔서 알아본다.
② 손바람을 이용하여 확인한다.
③ 내용물을 조금 쏟아서 확인한다.
④ 숟가락으로 약간 떠내어 냄새를 직접 맡아본다.

해설

30 경사지에서는 저속기어로 변속하여 기어 브레이크를 사용하는 것이 좋고, 적재물이 앞으로 쏟아지지 않게 하기 위해서는 화물을 위쪽으로 가게 한 후 주행해야 한다. 또한 후진으로 내려오는 것이 좋다.

31 무부하(언로드) 밸브는 유압회로의 압력이 설정 압력에 도달했을 때 유압펌프로부터 전체 유량을 작동유 탱크로 복귀시키는 밸브이다.

32 SAE(미국 자동차기술협회) 번호가 클수록 점도가 높고, 번호가 작을수록 점도가 낮은 오일이다.

33 지게차는 앞바퀴에 하중이 실리게 되어 앞바퀴 조향을 하게 되면 효율이 떨어지고 연료소모가 많아질 수 있으므로 뒷바퀴로 조향한다.

34 안전한 방법으로 병 속에 들어있는 약품을 냄새로 알아보고자 할 때에는 손바람을 이용하여 확인하는 것이 좋다.

남은 문제 : 26문항

35 조명 스위치가 실내에 있으면 안 되는 곳은?

① 공구 보관소 ② 카바이드 보관소
③ 건설기계 장비 차고 ④ 기계류 저장소

★
36 지게차의 유압 브레이크와 브레이크 페달은 어떤 원리를 이용한 것인가?

① 랙크 피니언 원리, 베르누이의 정리
② 랙크 피니언 원리, 애커먼 장토식 원리
③ 지렛대 원리, 애커먼 장토식 원리
④ 파스칼 원리, 지렛대 원리

★
37 유압라인에서 압력에 영향을 주는 요소로 가장 관계가 적은 것은?

① 유체의 흐름 양 ② 유체의 점도
③ 관로 직경의 크기 ④ 관로의 좌 · 우 방향

38 자연발화가 일어나기 쉬운 조건이 아닌 것은?

① 표면적이 넓다. ② 주위 온도가 높다.
③ 발열량이 크다. ④ 열전도율이 크다.

39 동력전달장치 중 재해가 가장 많이 일어날 수 있는 것은?

① 기어 ② 차축
③ 벨트 ④ 커플링

★
40 라디에이터(Radiator)에 대한 설명으로 틀린 것은?

① 라디에이터의 재료 대부분은 알루미늄 합금이 사용된다.
② 단위면적당 방열량이 커야 한다.
③ 냉각 효율을 높이기 위해 방열 핀이 설치된다.
④ 공기 흐름 저항이 커야 냉각 효율이 높다.

해설

35 카바이드 저장소는 가스가 발생하기 때문에 실내에 조명 스위치나 화기가 있으면 위험하다.

36 파스칼의 원리란 밀폐된 용기 내에 액체를 가득 채우고 그 용기에 힘을 가하면 그 내부 압력은 용기의 각 면에 수직으로 작용하며 용기 내의 어느 곳이든지 똑같은 압력으로 작용한다는 원리로, 유압 브레이크의 기본이 되는 원리이다. 브레이크 페달은 지렛대 원리를 이용한다.

37 압력은 유체의 힘에 비례하고 면적에는 반비례한다. 따라서 힘에 영향을 주는 점도나 유량이 클 경우나 관로 직경의 크기가 좁을수록 압력은 높아진다.

38 열전도율은 작아야 한다.

39 벨트(belt), 풀리(pully)는 회전부가 기관 외부에 노출되어 있기 때문에 점검 · 정비 중에 사고발생률이 높다.

40 라디에이터 구비조건
- 공기 흐름 저항이 적을 것
- 냉각수 흐름 저항이 적을 것
- 단위면적당 방열량이 클 것
- 가볍고 작으며 강도가 클 것

남은 문제 : 20문항

★

41 건설기계를 등록할 때 필요한 서류가 아닌 것은?

① 건설기계제작증　　② 수입면장
③ 매수증서　　④ 건설기계검사증 등본원부

★

42 다음 지게차 중 특수건설기계인 것은?

① 트럭형 지게차　　② 카운터 밸런스형 지게차
③ 사이드형 지게차　　④ 스트래들형 지게차

43 건설기계의 점검 및 작업 시 지켜야 할 사항으로 가장 거리가 먼 것은?

① 엔진과 같은 중량물을 탈착할 때에는 반드시 밑에서 잡아주도록 한다.
② 유압계통을 점검하기 전에 작동유가 식었는지를 확인한다.
③ 주행 시 가능하면 평탄면을 이용하도록 하고 운전석을 떠날 때는 기관을 정지한다.
④ 엔진 가동 시에는 소화기를 비치하도록 한다.

★★

44 벨트 작업에 대한 설명으로 옳지 않은 것은?

① 벨트 교환 시 회전을 완전히 멈춘 상태에서 한다.
② 벨트의 회전을 정지시킬 때 손으로 잡는다.
③ 벨트에는 적당한 장력을 유지하도록 한다.
④ 고무벨트에는 기름이 묻지 않도록 한다.

★

45 연소에 필요한 공기를 실린더로 흡입할 때, 먼지 등의 불순물을 여과하여 피스톤 등의 마모를 방지하는 역할을 하는 장치는?

① 과급기(super charger)
② 에어 클리너(air cleaner)
③ 냉각장치(cooling system)
④ 플라이휠(fly wheel)

해설

41 건설기계 등록 시 필요한 서류(건설기계관리법 시행령 제3조)
건설기계의 출처를 증명하는 서류(건설기계제작증, 수입면장 등 수입 사실을 증명하는 서류, 매수증서), 건설기계의 소유자임을 증명하는 서류, 건설기계제원표, 보험 또는 공제의 가입을 증명하는 서류

42 특수건설기계의 지정
도로보수트럭, 노면파쇄기, 노면측정장비, 콘크리트 믹서트레일러, 아스팔트 콘크리트재생기, 수목이식기, 터널용 고소작업차, 트럭지게차

43 무게가 나가는 중량물에 대한 작업이 이루어질 때는 중량물의 밑을 지나가거나 밑에서 받쳐주는 행위를 해서는 절대로 안 된다. 중량물이 낙하하여 큰 사고로 이어질 수 있기 때문이다.

44 벨트 회전을 정지할 때 손을 사용하는 것은 매우 위험한 일로, 벨트의 마찰에 의한 화상이나 벨트 가드에 손이 끼이게 되어 상해를 입을 수 있다.

45 공기청정기(air cleaner)는 흡입공기의 먼지 등을 여과하는 작용 이외에 흡기소음을 감소시키며 역화가 발생할 때 불길을 저지하는 기능을 한다.

남은 문제 : 15문항

★★
46 유압에너지의 저장, 충격 흡수 등에 이용되는 것은?

① 오일 냉각기　② 축압기
③ 스트레이너　④ 펌프

47 〈보기〉에서 작업자의 올바른 안전 자세로 모두 짝지어진 것은?

보기
a. 자신의 안전과 타인의 안전을 고려한다.
b. 작업에 임해서는 아무런 생각 없이 작업한다.
c. 작업장 환경 조성을 위해 노력한다.
d. 작업 안전 사항을 준수한다.

① a, b, c　② a, c, d
③ a, b, d　④ a, b, c, d

48 디젤기관의 예열장치에서 코일형 예열플러그와 비교한 실드형 예열플러그의 설명 중 틀린 것은?

① 발열량이 크고 열용량도 크다.
② 예열플러그들 사이의 회로는 병렬로 결선되어 있다.
③ 기계적 강도 및 가스에 의한 부식에 약하다.
④ 예열플러그 하나가 단선되어도 나머지는 작동된다.

★
49 타이어식 건설기계에서 조향바퀴의 토인을 조정하는 곳은?

① 핸들　② 타이로드
③ 웜 기어　④ 드래그링크

50 시동전동기 취급 시 주의사항으로 틀린 것은?

① 기관이 시동된 상태에서 시동스위치를 켜서는 안 된다.
② 전선 굵기는 규정 이하의 것을 사용하면 안 된다.
③ 시동전동기의 회전속도가 규정 이하이면 오랜 시간 연속 회전시켜도 시동이 되지 않으므로 회전속도에 유의해야 한다.
④ 시동전동기의 연속 사용시간은 60초 정도로 한다.

해설

46 축압기(accumulator)는 유압펌프에서 발생한 유압을 저장하고 맥동을 소멸시키는 장치로 압력보상, 에너지 축적, 유압회로의 보호, 맥동감쇠, 충격압력 흡수, 일정압력 유지 등의 기능을 한다.

47 작업자는 안전수칙을 준수하고, 작업요령에 주의하면서 작업하도록 한다.

48 ③ 코일형 예열플러그

49 토인은 조향바퀴의 사이드 슬립과 타이어의 마멸을 방지하고 앞바퀴를 평행하게 회전시키기 위한 것으로, 지게차의 토인은 타이로드 길이로 조정한다.

50 기동(시동)전동기의 연속 사용시간은 10초 정도로 하고, 불가피한 경우라도 손상 방지를 위하여 최대 연속 사용시간은 30초 이내로 제한해야 한다.

남은 문제 : 10문항

★
51 다음 중 유압회로에서 속도제어회로가 아닌 것은?

① 미터 인 회로　② 블리드 오프 회로
③ 미터 아웃 회로　④ 블리드 온 회로

★★
52 건설기계의 조종 중 고의 또는 과실로 가스공급시설을 손괴할 경우 조종사 면허의 처분기준은?

① 면허효력정지 10일　② 면허효력정지 15일
③ 면허효력정지 180일　④ 면허효력정지 25일

★★
53 건설기계의 구조변경이 가능한 경우는?

① 건설기계의 기종변경
② 적재함의 용량증가를 위한 구조변경
③ 수상작업용 건설기계의 선체의 형식변경
④ 육상작업용 건설기계 규격의 증가

★★
54 유압유의 구비조건이 아닌 것은?

① 비압축성일 것
② 온도에 의한 점도 변화가 적을 것
③ 방청 및 방식성이 있을 것
④ 체적 탄성계수가 크고 밀도가 높을 것

55 지게차 주행 시 주의해야 할 사항으로 틀린 것은?

① 짐을 싣고 주행할 때는 절대로 속도를 내서는 안 된다.
② 노면의 상태에 충분한 주의를 하여야 한다.
③ 적하 장치에 사람을 태워서는 안 된다.
④ 포크의 끝을 밖으로 경사지게 한다.

★
56 지게차의 스프링 장치에 대한 설명으로 맞는 것은?

① 텐덤 드라이브 장치이다.　② 코일스프링 장치이다.
③ 판스프링 장치이다.　④ 스프링 장치가 없다.

해설

51 유압회로의 속도제어회로에는 미터 인 회로, 미터 아웃 회로, 블리드 오프 회로가 있다.

52 건설기계의 조종 중 고의 또는 과실로 가스공급시설을 손괴하거나 가스공급시설의 기능에 장애를 입혀 가스의 공급을 방해한 경우에는 면허효력정지 180일이다(건설기계관리법 시행규칙 별표22).

53 **건설기계의 구조변경이 가능한 경우(건설기계관리법 시행규칙 제42조)**
- 원동기 및 전동기의 형식변경
- 동력전달장치의 형식변경
- 제동장치, 주행장치, 유압장치, 조종장치, 조향장치, 작업장치의 형식변경
- 건설기계의 길이 · 너비 · 높이 등의 변경
- 수상작업용 건설기계의 선체의 형식변경
- 타워크레인 설치기초 및 전기장치의 형식변경

54 **유압 작동유의 구비조건**
- 비압축성일 것
- 내열성이 크고 거품이 적을 것
- 점도지수가 높을 것
- 방청 및 방식성이 있을 것
- 체적 탄성계수가 크고 밀도가 작을 것

55 지게차 주행 시 포크는 지면에서 20~30cm 정도 올린 다음 마스트가 뒤로 4° 정도 기울게 하여 이동한다.

56 지게차에는 현가스프링이 없어 주로 저압 타이어를 사용한다.

남은 문제 : 04문항

57 클러치식 지게차 동력 전달 순서는?

① 엔진 → 클러치 → 변속기 → 종감속 기어 및 차동장치 → 앞구동축 → 차륜
② 엔진 → 변속기 → 클러치 → 종감속 기어 및 차동장치 → 앞구동축 → 차륜
③ 엔진 → 클러치 → 종감속 기어 및 차동장치 → 변속기 → 앞구동축 → 차륜
④ 엔진 → 변속기 → 클러치 → 앞 구동축 → 종감속 기어 및 차동장치 → 차륜

58 다음 중 안전사고가 일어나는 가장 큰 원인은?

① 열악한 작업환경 ② 작업자의 미숙
③ 불안전한 작업 지시 ④ 불가항력

★★
59 유압유에 점도가 서로 다른 2종류의 오일을 혼합하였을 경우에 대한 설명으로 맞는 것은?

① 오일 첨가제의 좋은 부분만 작동하므로 오히려 더욱 좋다.
② 점도가 달라지나 사용에는 전혀 지장이 없다.
③ 혼합은 권장 사항이며 사용에는 전혀 지장이 없다.
④ 열화현상을 촉진한다.

★
60 기어 펌프에 대한 설명으로 틀린 것은?

① 소형이며 구조가 간단하다.
② 플런저 펌프에 비해 흡입력이 나쁘다.
③ 플런저 펌프에 비해 효율이 낮다.
④ 초고압에는 사용이 곤란하다.

해설

57 클러치식 지게차 동력전달순서
엔진 → 클러치 → 변속기 → 종감속 기어 및 차동장치 → 앞 구동축 → 차륜

58 안전사고 발생의 원인
개인의 불안전한 행위 88%, 불안전한 환경 10%, 불가항력 2%

59 점도가 다른 두 오일을 혼합하게 되면 전체적인 작동유의 점도가 불량하게 되어 과열의 원인이 된다.

60 기어 펌프의 특징
- 구조가 간단하고 흡입 성능이 우수하다.
- 다루기 쉽고 가격이 저렴하다.
- 플런저 펌프(피스톤 펌프)에 비해 효율은 떨어진다.
- 오일의 오염에 비교적 강한 편이다.
- 가변 용량형으로 만들기가 곤란하다.

제9회 CBT 최신 경향 모의고사

★★★
01 지게차의 마스트를 앞 또는 뒤로 기울도록 자동시키는 것은?

① 포크 ② 틸트 레버
③ 마스트 ④ 리프트 레버

02 지게차 운전 시 주의사항으로 가장 거리가 먼 것은?

① 화물을 실어 전방이 안 보이면 후진으로 주행한다.
② 후진 시에는 경광등, 후진경고등, 경적 등을 사용한다.
③ 경사길에서 내려올 때는 후진으로 진행한다.
④ 동승자를 태우고 교통상황을 확인하며 주행한다.

★
03 도로교통법상 술에 취한 상태의 기준으로 옳은 것은?

① 혈중알코올농도 0.02% 이상일 때
② 혈중알코올농도 0.1% 이상일 때
③ 혈중알코올농도 0.03% 이상일 때
④ 혈중알코올농도 0.2% 이상일 때

04 안전관리상 보안경을 사용해야 하는 작업과 가장 거리가 먼 것은?

① 장비 밑에서 정비작업을 할 때
② 산소 결핍 발생이 쉬운 장소에서 작업을 할 때
③ 철분, 모래 등이 날리는 작업을 할 때
④ 전기용접 및 가스용접 작업을 할 때

★★★★★
05 건설기계의 등록을 말소할 수 있는 사유에 해당하지 않는 것은?

① 건설기계를 폐기한 경우
② 건설기계를 수출하는 경우
③ 건설기계를 장기간 운행하지 않게 된 경우
④ 건설기계를 교육 · 연구 목적으로 사용하는 경우

해설

01 틸트 레버
- 마스트 앞으로 기울어짐(민다)
- 마스트 뒤로 기울어짐(당긴다)

02 지게차 주행 시 사람을 태우고 작업하거나 운행하면 안 된다.

03 술에 취한 상태의 기준 : 혈중알코올농도 0.03% 이상

04 산소 결핍 발생이 쉬운 장소에서 작업할 경우에는 산소탱크와 산소마스크 등의 기구를 이용하여 작업한다.

05 건설기계를 장기간 운행하지 않게 된 경우는 말소 사유에 해당하지 않는다.

남은 문제 : 55문항

★★
06 등록건설기계의 기종별 표시방법으로 옳은 것은?

① 01 – 불도저　② 02 – 모터그레이더
③ 03 – 지게차　④ 04 – 덤프트럭

07 유압기계의 장점이 아닌 것은?

① 속도제어가 용이하다.
② 에너지 축적이 가능하다.
③ 유압장치는 점검이 간단하다.
④ 힘의 전달 및 증폭이 용이하다.

★★★
08 다음 중 유압모터 종류에 속하는 것은?

① 플런저 모터　② 보올 모터
③ 터빈 모터　④ 디젤 모터

★★★★
09 건설기계를 검사유효기간 만료 후에 계속 운행하고자 할 때는 어느 검사를 받아야 하는가?

① 신규등록검사　② 계속검사
③ 수시검사　④ 정기검사

★
10 수공구 작업 시 옳지 않은 행동은?

① 펀치 작업 시 문드러진 펀치 날은 연마하여 사용한다.
② 줄 작업 시 줄의 손잡이가 줄 자루에 정확하고 단순하게 끼워져 있는지 확인한다.
③ 정 작업 시에는 작업복 및 보호안경을 착용한다.
④ 스패너 사용 시 스패너로 볼트를 죌 때는 앞으로 당기고 풀 때는 뒤로 민다.

해설

06 ② 08 : 모터그레이더
③ 04 : 지게차
④ 06 : 덤프트럭

08 유압모터는 유압에너지를 이용하여 연속적으로 회전운동을 시키는 장치로 기어 모터, 플런저 모터(회전피스톤형), 베인 펌프 등으로 구분한다.

09 정기검사
건설공사용 건설기계로서 3년의 범위에서 국토교통부령으로 정하는 검사유효 기간이 끝난 후에 계속하여 운행하려는 경우에 실시하는 검사와 「대기환경보전법」 제62조 및 「소음 · 진동관리법」 제37조에 따른 운행차의 정기검사(건설기계관리법 제13조 제1항)

10 스패너를 죄고 풀 때는 항상 앞으로 당기며 몸 쪽으로 당길 때 힘이 걸리도록 한다.

남은 문제 : 50문항

11 지게차에 부하가 걸릴 때 토크 컨버터의 터빈 속도는 어떻게 되는가?

① 일정하다. ② 관계없다.
③ 빨라진다. ④ 느려진다.

12 타이어에서 트레드 패턴과 관계없는 것은?

① 제동력 ② 구동력 및 견인력
③ 편평률 ④ 타이어의 배수효과

★★
13 토크변환기가 설치된 지게차의 기동 요령은?

① 브레이크 페달을 밟고 저 · 고속레버를 저속위치로 한다.
② 클러치 페달을 조작할 필요 없이 가속페달을 서서히 밟는다.
③ 클러치 페달에서 서서히 발을 떼면서 가속페달을 밟는다.
④ 클러치 페달을 밟고 저 · 고속 레버를 저속위치로 한다.

14 건설기계에 사용되는 12볼트(V), 80암페어(A) 축전지 2개를 병렬로 연결하면 전압과 전류는 어떻게 변하는가?

① 24볼트(V), 160암페어(A)가 된다.
② 12볼트(V), 80암페어(A)가 된다.
③ 24볼트(V), 80암페어(A)가 된다.
④ 12볼트(V), 160암페어(A)가 된다.

15 기관의 속도에 따라 자동적으로 분사시기를 조정하여 운전을 안정되게 하는 것은?

① 타이머 ② 노즐
③ 과급기 ④ 디콤프

16 건설기계조종사 결격사유에 해당하지 않는 것은?

① 18세 미만인 사람
② 정신질환자 또는 간질환자(뇌전증환자)
③ 마약 또는 알코올중독자
④ 파산자로서 복권되지 않은 자

해설

11 장비에 부하가 걸리면 변속기 입력축의 터빈에 하중이 작용하므로 속도가 느려진다.

12 트레드의 패턴은 편평률과는 관계가 없다.
트레드 : 노면과 접촉되는 부분으로 내부의 카커스와 브레이커를 보호하기 위해 내마모성이 큰 고무층으로 되어 있고 노면과 미끄러짐을 방지하고 방열을 위한 홈(트레드 패턴)이 파져 있다.

13 토크변환기(converter)는 엔진의 회전력(토크)을 2~3배로 강하게 하는 역할과 클러치 기능을 한다.

14 병렬로 연결하면 용량은 개수만큼 증가하지만 전압은 1개일 때와 같다.

15 타이머(분사시기 조정기)는 디젤기관의 분사펌프를 구성하는 기계요소로 기관의 회전속도 및 부하에 따라 연료의 분사시기를 조절하여 엔진동작이 조화롭게 이루어지도록 한다.

남은 문제 : 44문항

★★★★

17 건설기계조종사 면허를 받지 아니하고 건설기계를 조종한 자에게 부과하는 벌금으로 옳은 것은?

① 100만 원 이하 ② 300만 원 이하
③ 500만 원 이하 ④ 1,000만 원 이하

18 방호장치의 일반원칙으로 옳지 않은 것은?

① 작업점의 방호
② 작업방해의 제거
③ 외관상의 안전화
④ 기계 특성에의 부적합성

19 기계의 회전부분(기어, 벨트, 체인)에 덮개를 설치하는 이유는?

① 좋은 품질의 제품을 얻기 위해
② 회전부분의 속도를 높이기 위해
③ 제품의 제작과정을 숨기기 위해
④ 회전부분과 신체의 접촉을 방지하기 위해

20 유압오일 내에 기포(거품)가 형성되는 이유로 가장 적합한 것은?

① 오일 속의 수분혼입 ② 오일의 열화
③ 오일 속의 공기혼입 ④ 오일의 누설

21 다음 중 지게차 후경각은?

① 16~18° 정도의 범위이다.
② 7~9° 정도의 범위이다.
③ 13~15° 정도의 범위이다.
④ 10~12° 정도의 범위이다.

해설

17 건설기계조종사 면허를 받지 아니하고 건설기계를 조종한 자는 1년 이하의 징역 또는 1천만 원 이하의 벌금에 처한다(건설기계관리법 제41조).

18 **방호장치의 일반원칙** : 작업방해의 제거, 작업점의 방호, 외관상의 안전화, 기계 특성에의 적합성

19 **방호덮개**
- 가공물, 공구 등의 낙하 비래에 의한 위험을 방지하기 위한 것
- 위험 부위에 인체의 접촉 또는 접근을 방지하기 위한 것

20 혼입된 공기가 오일 내에서 기포를 형성하게 되는데 이 기포를 그대로 방치하게 되면 공동현상(캐비테이션)에 의해 유압기기의 표면을 훼손시키거나 국부적인 고압 또는 소음을 발생시키게 된다.

남은 문제 : 39문항

22 기계식 변속기가 설치된 지게차에서 클러치판의 비틀림 코일 스프링의 역할은?

① 클러치판이 더욱 세게 부착되게 한다.
② 클러치 작동 시 충격을 흡수한다.
③ 클러치의 회전력을 증가시킨다.
④ 클러치 압력판의 마멸을 방지한다.

23 지게차 유니버설 조인트의 등속조인트 종류가 아닌 것은?

① 제파 조인트 ② 이중 십자 조인트
③ 더블 오프셋 조인트 ④ 훅형

★
24 지게차의 일상 점검사항이 아닌 것은?

① 토크 컨버터의 오일 점검
② 타이어 손상 및 공기압 점검
③ 틸트 실린더 오일 누유 상태
④ 작동유의 양

★★
25 냉각장치에서 냉각수의 비등점을 올리기 위한 것으로 맞는 것은?

① 진공식 캡 ② 압력식 캡
③ 라디에이터 ④ 물재킷

26 다음 중 습식 공기청정기에 대한 설명으로 틀린 것은?

① 청정효율은 공기량이 증가할수록 높아지며 회전속도가 빠르면 효율이 좋고 낮으면 저하된다.
② 흡입공기는 오일로 적셔진 여과망을 통과시켜 여과시킨다.
③ 공기청정기 케이스 밑에는 일정한 양의 오일이 들어 있다.
④ 공기청정기는 일정기간 사용 후 무조건 신품으로 교환한다.

해설

22 클러치가 갑자기 작동할 때 축에 충격을 주게 되는데, 중간에 완충할 수 있는 장치가 없다면 변속기어나 기타 동력전달장치에 충격을 주게 되고 승차감이 좋지 않게 된다. 따라서 이를 방지하기 위해 비틀림 코일스프링을 설치한다.

23 **등속조인트의 종류**
제파 조인트, 이중 십자 조인트, 더블 오프셋 조인트, 벨 타입 조인트 등

24 토크 컨버터의 오일점검은 특수 정비사항이다.

25 냉각장치 내의 비등점을 높이고 냉각 범위를 넓히기 위하여 압력식 캡을 사용한다.

26 습식 공기청정기는 세척유로 세척하여 사용한다.

남은 문제 : 34문항

27 기어식 유압펌프의 특징이 아닌 것은?

① 구조가 간단하다.
② 유압 작동유의 오염에 비교적 강한 편이다.
③ 플런저 펌프에 비해 효율이 떨어진다.
④ 가변 용량형 펌프로 적당하다.

28 산업공장에서 재해의 발생을 적게 하기 위한 방법 중 틀린 것은?

① 폐기물은 정해진 위치에 모아둔다.
② 공구는 소정의 장소에 보관한다.
③ 소화기 근처에 물건을 적재한다.
④ 통로나 창문 등에 물건을 세워 놓아서는 안 된다.

29 세척작업 중 알칼리 또는 산성 세척유가 눈에 들어갔을 경우에 응급처치로 가장 먼저 조치하여야 하는 것은?

① 산성 세척유가 눈에 들어가면 병원으로 후송하여 알칼리성으로 중화시킨다.
② 알칼리성 세척유가 눈에 들어가면 붕산수를 구입하여 중화시킨다.
③ 눈을 크게 뜨고 바람 부는 쪽을 향해 눈물을 흘린다.
④ 먼저 수돗물로 씻어낸다.

30 야간에 자동차를 도로에 정차 또는 주차하였을 때 켜야 하는 등화로 가장 적절한 것은?

① 전조등을 켜야 한다.
② 방향지시등을 켜야 한다.
③ 실내등을 켜야 한다.
④ 미등 및 차폭등을 켜야 한다.

해설

27 가변 용량형 펌프는 플런저 펌프가 가장 적당하다.

28 소화기는 유사시에 즉시 사용해야 하는 물건이기 때문에 주변에 물건을 적재해 놓지 않아야 필요시 방해 받지 않고 사용할 수 있다.

29 중화작업은 가해지는 물질에 의해 오히려 해를 입을 수 있으므로 함부로 하지 말아야 한다. 가장 먼저 조치해야 하는 것은 흐르는 물에 눈을 씻어내는 것이다.

30 **차의 운전자가 밤에 도로에서 정차하거나 주차할 때 켜야 하는 등화의 종류**
- 자동차(이륜자동차는 제외) : 자동차안전기준에서 정하는 미등 및 차폭등
- 이륜자동차 및 원동기장치자전거 : 미등(후부 반사기를 포함)

남은 문제 : 30문항

★★★
31 건설기계조종사 면허증의 반납 사유에 해당하지 않는 것은?

① 면허가 취소된 때
② 면허의 효력이 정지된 때
③ 건설기계 조종을 하지 않을 때
④ 면허증의 재교부를 받은 후 잃어버린 면허증을 발견한 때

★★★★
32 재해조사 목적을 가장 확실하게 설명한 것은?

① 재해를 발생케 한 자의 책임을 추궁하기 위하여
② 재해 발생상태와 그 동기에 대한 통계를 작성하기 위하여
③ 작업능률 향상과 근로기강 확립을 위하여
④ 적절한 예방대책을 수립하기 위하여

★★
33 건설기계에 사용되는 유압펌프의 종류가 아닌 것은?

① 베인 펌프 ② 플런저 펌프
③ 진공 펌프 ④ 기어 펌프

34 항타기는 부득이한 경우를 제외하고 가스배관의 수평거리를 최소한 몇 m 이상 이격하여 설치해야 하는가?

① 4m ② 6m
③ 2m ④ 10m

35 지게차 체크 밸브는 어디에 속하는가?

① 압력제어 밸브 ② 속도제어 밸브
③ 방향제어 밸브 ④ 유량제어 밸브

★★★★
36 배기가스 색깔에 대한 설명으로 옳지 않은 것은?

① 흰색이면 엔진오일이 함께 연소되고 있는 상황이다.
② 검은색이면 엔진에서 불완전 연소가 일어나고 있는 상황이다.
③ 머플러에 물이나 습기가 있는 경우, 흰색 연기가 나오면 온도차에 의한 현상이 아니라 엔진에 문제가 있는 상황이다.
④ 무색투명하면 정상이라 할 수 있다.

해설

32 재해조사는 안전 관리자가 실시하며 6하 원칙에 의거하여 조사하고, 이를 토대로 재해의 원인을 규명하여 적절한 예방대책을 수립하도록 한다.

33 유압펌프는 기관이나 전동기의 기계적 에너지를 받아 유압에너지로 변환시키는 장치이며, 유압탱크 내의 오일을 흡입·가압하여 작동자에 유압유를 공급한다. 기어식, 플런저식, 베인식 등이 있다.

34 항타기는 부득이한 경우를 제외하고 가스배관의 수평거리를 최소한 2m 이상 이격하여 설치해야 한다.

35 체크 밸브는 유압의 흐름을 한 방향으로 통과시켜 역방향의 흐름을 막는 밸브이다.

36 머플러에 물이나 습기가 있는 경우, 흰색 연기가 나오면 온도차에 의한 현상이므로 엔진과는 무관하다.

남은 문제 : 24문항

★
37 디젤기관의 감압장치 설명으로 맞는 것은?

① 크랭킹을 원활히 해준다.
② 냉각팬을 원활히 회전시킨다.
③ 흡 · 배기 효율을 높인다.
④ 엔진 압축압력을 높인다.

★★
38 베인 펌프의 특징 중 맞지 않는 것은?

① 수명이 짧다.
② 진동과 소음이 적다.
③ 정비와 관리가 용이하다.
④ 고속회전이 가능하다.

★★
39 지게차의 운전을 종료했을 때 취해야 할 안전사항이 아닌 것은?

① 각종 레버는 중립에 둔다.
② 연료를 빼낸다.
③ 주차브레이크를 작동시킨다.
④ 전원 스위치를 차단시킨다.

★★★
40 건설기계를 운전하여 교차로 전방 20m 지점에 이르렀을 때 황색 등화로 바뀌었을 경우 운전자의 조치방법은?

① 일시정지하여 안전을 확인하고 진행한다.
② 정지할 조치를 취하여 정지선에 정지한다.
③ 그대로 계속 진행한다.
④ 주위의 교통에 주의하면서 진행한다.

★★
41 승차인원 · 적재중량에 관하여 안전기준을 넘어서 운행하고자 하는 경우 누구에게 허가를 받아야 하는가?

① 출발지를 관할하는 경찰서장
② 시 · 도지사
③ 절대 운행불가
④ 국토교통부장관

해설

37 감압장치
크랭킹할 때 흡입밸브나 배기밸브를 캠축의 운동과는 관계없이 강제로 열어 실린더 내의 압축압력을 낮춤으로써 엔진의 기동을 도와주며 디젤 엔진의 작동을 정지시킬 수도 있는 장치

38 베인 펌프의 장점과 단점
- 장점 : 소음과 진동이 적음, 로크가 안정, 수명은 보통, 고속회전 가능, 정비와 관리가 용이
- 단점 : 최고압력 및 흡입 성능이 낮음, 구조가 약간 복잡함

39 지게차의 운전을 종료했을 때 취해야 할 안전사항
- 모든 조종장치를 기본 위치에 둔다.
- 스위치를 차단시킨다.
- 변속장치는 중립에 둔다.

40 교차로에 진입하기 전 황색 또는 적색 등화 신호를 받았을 때에는 정지해야 한다.

41 모든 차의 운전자는 승차인원 · 적재중량 및 적재용량에 관하여 대통령령으로 정하는 운행상의 안전기준을 넘어서 승차시키거나 적재한 상태로 운전하여서는 안 된다. 다만 출발지를 관할하는 경찰서장의 허가를 받은 경우에는 그러하지 않다(도로교통법 제39조제1항).

남은 문제 : 19문항

42 특고압 전선로 부근에서 건설기계를 이용한 작업방법 중 틀린 것은?

① 지상 감시자를 배치하고 감시하도록 한다.
② 작업을 시작하기 전에 관할 시설 관리자에게 연락하여 도움을 요청한다.
③ 붐이 전선에 접촉만 하지 않으면 상관없다.
④ 작업 전 고압전선의 전압을 확인하고, 안전거리를 파악한다.

43 그림의 유압기호에서 A 부분이 나타내는 것은?

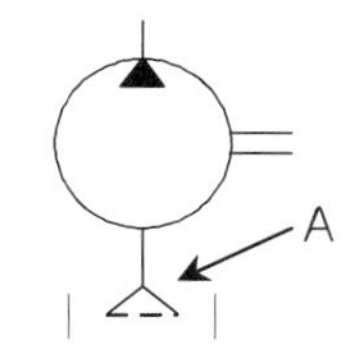

① 오일냉각기 ② 스트레이너
③ 가변용량 유압 펌프 ④ 가변용량 유압 모터

44 지게차를 전후진 방향으로 서서히 화물에 접근시키거나 빠른 유압작동으로 신속히 화물을 상승 또는 적재시킬 때 사용하는 것은?

① 인칭조절 페달 ② 액셀러레이터 페달
③ 디셀레이터 페달 ④ 브레이크 페달

★★★
45 브레이크 파이프 내에 베이퍼 록이 발생하는 원인과 가장 거리가 먼 것은?

① 드럼의 과열 ② 지나친 브레이크 조작
③ 잔압의 저하 ④ 라이닝과 드럼의 간극 과대

46 압력제어밸브 중 상시 닫혀 있다가 일정조건이 되면 열려서 작동하는 밸브가 아닌 것은?

① 릴리프 밸브 ② 리듀싱 밸브
③ 시퀀스 밸브 ④ 언로더 밸브

해설

42 전선로 부근에서 작업할 때는 감전에 대한 대비를 철저히 해야 한다. 고압 전선 부근에서는 직접 접촉하지 않아도 감전사고가 일어날 수 있으므로 주의해야 한다.

44 지게차에서 인칭페달은 차량을 전후진시키면서 빠른 하역작업을 하게 하여 작업능력을 향상시키고 브레이크 마모를 줄여준다.

45 베이퍼 록의 원인
- 긴 내리막길에서 풋 브레이크를 과도하게 사용했을 때
- 브레이크 드럼과 라이닝의 끌림에 의한 가열
- 마스터 실린더, 브레이크 슈 리턴 스프링 파손에 의한 잔압 저하
- 브레이크 오일 열화에 의한 비점의 저하, 오일이 불량할 때

46 시퀀스 밸브는 2개 이상의 분기회로가 있는 회로에서 작동 순서를 회로의 압력 등으로 제어하는 밸브이다.

남은 문제 : 14문항

★★
47 작업장에서 작업복을 착용하는 가장 주된 이유는?

① 작업장의 질서를 확립시키기 위해서이다.
② 작업 능률을 올리기 위해서이다.
③ 재해로부터 작업자의 몸을 보호하기 위해서이다.
④ 작업자의 복장 통일을 위해서이다.

★
48 도로교통법상 차마의 통행을 구분하기 위한 중앙선에 대한 설명으로 옳은 것은?

① 백색 실선 또는 황색 점선으로 되어 있다.
② 백색 실선 또는 백색 점선으로 되어 있다.
③ 황색 실선 또는 황색 점선으로 되어 있다.
④ 황색 실선 또는 백색 점선으로 되어 있다.

★★★
49 지게차 포크의 수직면으로부터 포크 위에 놓인 화물의 무게중심까지의 거리는?

① 자유인상 높이 ② 하중중심
③ 최대인상 높이 ④ 마스트 최대 높이

50 지게차의 체인 장력 조정법으로 틀린 것은?

① 좌우 체인이 동시에 평행한가를 확인한다.
② 포크를 지상에 조금 올린 후 조정한다.
③ 손으로 체인을 눌러보아 양쪽이 다르면 조정 너트로 조정한다.
④ 조정 후 로크 너트를 풀어둔다.

51 납산축전지의 충전상태를 판단할 수 있는 계기로 옳은 것은?

① 온도계 ② 습도계
③ 점도계 ④ 비중계

해설

47 작업복은 작업장에서 일할 때 방해되지 않는 편한 옷차림을 위한 목적도 있지만 작업자의 안전을 보호하는 것이 근본적인 목적이다.

48 중앙선이란 차마의 통행 방향을 명확하게 구분하기 위해 도로에 황색 실선이나 황색 점선 등의 안전표지로 표시한 선 또는 중앙분리대나 울타리 등으로 설치한 시설물을 말한다(도로교통법 제2조제5호).

49 하중중심(Load center)은 포크의 수직면으로부터 화물의 무게중심까지의 거리이다.

50 체인의 장력을 조정한 후에는 반드시 로크 너트를 고정시켜야 한다.

51 비중계는 전해액의 비중을 측정하여 충·방전 상태를 판정하는 계기이다.

남은 문제 : 09문항

해설

★

52 오토기관에 비해 디젤기관의 장점이 아닌 것은?

① 화재의 위험이 적다.
② 열효율이 높다.
③ 가속성이 좋고 운전이 정숙하다.
④ 연료 소비율이 낮다.

52 디젤기관은 가솔린기관에 비하여 열효율이 높고 연료 소비율이 적은 장점이 있다. 또한 연료의 인화점이 높아 그 취급이나 저장에 위험이 적고 대형기관의 제작을 가능하게 한다.

53 지게차의 리프트 체인에 주유하는 가장 적합한 오일은?

① 자동변속기 오일 ② 작동유
③ 엔진오일 ④ 솔벤트

53 리프트 체인은 포크의 좌우 수평 높이 조정 및 리프트 실린더와 함께 포크의 상하 작용을 도와주는 작업장치로, 엔진오일을 주유한다.

54 지게차 작업장치의 포크가 한쪽으로 기울어지는 가장 큰 원인은?

① 한쪽 체인(chain)이 늘어짐
② 한쪽 롤러(side roller)가 마모
③ 한쪽 실린더(cylinder)의 작동유가 부족
④ 한쪽 리프트 실린더(lift cylinder)가 마모

★★★

55 유압 작동유의 중요 역할이 아닌 것은?

① 일을 흡수한다.
② 부식을 방지한다.
③ 습동부를 윤활시킨다.
④ 압력에너지를 이송한다.

55 유압유의 기능
- 동력 전달
- 마찰열 흡수
- 움직이는 기계요소 윤활
- 필요한 기계요소 사이를 밀봉

★

56 지게차의 틸트 실린더에서 사용하는 유압 실린더의 형식으로 옳은 것은?

① 단동식 ② 스프링식
③ 복동식 ④ 왕복식

56 지게차의 틸트 실린더는 복동식 실린더를 사용한다.

★

57 다음 중 베인 펌프의 구성요소에 해당하지 않는 것은?

① 회전자(로터) ② 케이싱
③ 베인(날개) ④ 피스톤

57 베인 펌프는 회전하는 로터가 들어 있는 케이싱 속에 여러 날개가 설치되어 회전에 의해 유체를 흡입 · 토출하는 펌프이다.

남은 문제 : 03문항

58 자연발화가 일어나기 쉬운 조건이 아닌 것은?

① 표면적이 넓다.　② 주위 온도가 높다.
③ 발열량이 크다.　④ 열전도율이 크다.

★
59 라디에이터(Radiator)에 대한 설명으로 틀린 것은?

① 라디에이터의 재료 대부분은 알루미늄 합금이 사용된다.
② 단위면적당 방열량이 커야 한다.
③ 냉각 효율을 높이기 위해 방열핀이 설치된다.
④ 공기 흐름 저항이 커야 냉각 효율이 높다.

60 다음 중 도로명판이 아닌 것은?

① 사임당로 Saimdang-ro 250 ↑ 92

②

③

④ 92 중 앙 로 Jungang-ro 96

해설

58 열전도율은 작아야 자연발화가 일어나기 쉽다.

59 라디에이터 구비조건
- 공기 흐름 저항이 적을 것
- 냉각수 흐름 저항이 적을 것
- 단위면적당 방열량이 클 것
- 가볍고 작으며 강도가 클 것

60 ③은 일반용 건물번호판이다.

적중률↑ 합격률↑

60문항 60분

제10회 CBT 최신 경향 모의고사

★★

01 유압실린더에서 실린더의 과도한 자연낙하 현상이 발생될 수 있는 원인이 아닌 것은?

① 작동압력이 높을 때
② 실린더 내의 피스톤 실링의 마모
③ 컨트롤밸브 스풀의 마모
④ 릴리프밸브의 조정 불량

★

02 다음 교통안전 표지에 대한 설명으로 맞는 것은??

① 최고 중량 제한표지
② 최고시속 30km 속도 제한표지
③ 최저시속 30km 속도 제한표지
④ 차간거리 최저 30m 제한표지

03 유압유의 주요 기능이 아닌 것은?

① 필요한 요소 사이를 밀봉한다.
② 동력을 전달한다.
③ 움직이는 기계요소를 마모시킨다.
④ 열을 흡수한다.

★★★

04 지게차의 마스트를 앞뒤로 기울이는 작동은 무엇으로 조작하는가?

① 틸트 레버 ② 포크
③ 리프트 레버 ④ 변속 레버

★★★

05 직류 발전기, 교류 발전기 모두 들어 있는 것은?

① 전류조정기 ② 전압조정기
③ 저항조정기 ④ 다이오드

해설

01 실린더 자연낙하 현상은 유로가 파손되거나 유압실린더의 실링이 마모되었을 경우, 컨트롤 밸브 스풀이 마모되었을 경우, 릴리프 밸브 조정이 잘못되었을 경우 발생할 수 있다. 기계적인 결함에 의해 발생하는 현상이므로 작동압력과는 관련이 없다.

02 제시된 표지는 최저시속 30km 속도를 제한하는 것이다.

03 유압유의 기능
- 동력 전달
- 마찰열 흡수
- 움직이는 기계 요소 윤활
- 필요한 기계 요소 사이를 밀봉

04 지게차의 마스트는 틸트 레버로 조작한다.

05 직류 발전기의 조정기에는 컷아웃 릴레이, 전압조정기, 전류조정기가 포함되어 있으며 교류 발전기에는 전압조정기만 포함되어 있다. 그러므로 공통으로 구성된 것은 전압조정기이다.

남은 문제 : 55문항

06 유압펌프 중 가장 고압이며 고효율인 것은?

① 베인 펌프　② 플런저 펌프
③ 2단 베인 펌프　④ 기어 펌프

07 지게차로 흔들리는 화물을 운송하는 방법으로 옳지 않은 것은?

① 흔들리는 화물을 사람이 직접 잡고 운반한다.
② 제한속도를 유지하여 주행한다.
③ 주행방향을 바꿀 때는 완전히 정지하거나 저속에서 운행한다.
④ 중량 이상의 물건을 싣지 않는다.

★★
08 피스톤링의 역할이 아닌 것은?

① 열전도작용(냉각작용)　② 기밀유지작용(밀봉작용)
③ 오일(윤활유)제어작용　④ 균형작용

09 화재에 대한 설명으로 옳지 않은 것은?

① 연소의 3요소는 가연물, 점화원, 공기이다.
② B급 화재는 유류 등의 화재로 포말 소화기를 이용한다.
③ D급 화재는 전자기기로 인한 화재이다.
④ 화재란 사람의 의도에 반하거나 고의에 의해 발생하는 연소현상이다.

★
10 건설기계장비 검사가 연기되지 않는 경우?

① 천재지변　② 건설기계의 도난
③ 10일간의 정비　④ 사고발생

11 출입구가 제한되어 있거나 높은 곳에 있는 물건을 운반하기에 적합한 작업장치는?

① 하이 마스트　② 3단 마스트
③ 힌지드 포크　④ 사이드 시프트

해설

07 지게차 운행 시에 사람이 직접 포크나 화물 위로 올라가서는 안 된다.

08 피스톤링은 압축링과 오일링 두 가지로 이루어져 있으며 실린더벽과 피스톤 사이의 기밀을 유지하여 엔진 효율의 손실을 막는다. 실린더 벽에 윤활하고 남은 과잉의 기관 오일을 긁어내려 실린더 벽의 유막을 조절하는 역할을 하며, 실린더 벽과 피스톤 사이의 열전도 작용을 통해 냉각에도 도움을 준다.

09 D급 화재는 마그네슘, 티타늄, 지르코늄, 나트륨, 칼륨 등의 가연성 금속화재이다.

10 건설기계 소유자는 천재지변, 건설기계의 도난, 사고발생, 압류, 31일 이상에 걸친 정비 그 밖의 부득이한 사유로 검사신청기간 내에 검사를 신청할 수 없는 경우에는 검사신청기간 만료일까지 기간연장신청서에 연장사유를 증명할 수 있는 서류를 첨부하여 시·도지사에게 제출하여야 한다(건설기계관리법 시행규칙 제31조의2제1항).

11 3단 마스트는 천정이 높은 장소와 출입구가 제한되어 있는 장소에서 적재·적하작업을 하는 데 이용한다.

남은 문제 : 49문항

12 라디에이터를 다운 플로우 형식과 크로스 플로우 형식으로 나누는 기준은?

① 냉각수 흐름 방향 ② 냉각수 온도
③ 공기 유입 유무 ④ 라디에이터 크기

★
13 도로교통법상 1차로의 의미로 적절한 것은?

① 좌, 우로부터 첫 번째 차로
② 중앙선으로부터 첫 번째 차로
③ 우측 차로 끝에서 3번째 차로
④ 좌측 차로 끝에서 2번째 차로

14 지게차가 무부하 상태에서 최저속도, 최소회전할 때 가장 바깥 부분이 그리는 원의 반경은?

① 최소 선회반경 ② 최소 회전반경
③ 최저 지상고 ④ 윤간거리

★★★
15 건설기계관리법규에서 건설기계조종사 면허의 취소처분 기준이 아닌 것은?

① 건설기계 조종 중 고의로 1명에게 경상을 입힌 때
② 건설기계 조종 중 고의 또는 과실로 가스공급시설의 기능에 장애를 입혀 가스의 공급을 방해한 때
③ 거짓 그 밖의 부정한 방법으로 건설기계조종사의 면허를 받은 때
④ 건설기계조종사 면허의 효력정지기간 중 건설기계를 조종한 때

★★
16 건설기계조종사의 적성검사에 대한 설명으로 옳은 것은?

① 60세까지만 적성검사를 받는다.
② 적성검사를 받지 않으면 운전면허를 받을 수 없다.
③ 두 눈의 시력이 각각 0.5 이상이어야 한다.
④ 언어변별력이 90% 이상이어야 한다.

해설

12 다운 플로우는 냉각수가 아래로 흐르고, 크로스 플로우는 냉각수가 옆으로 흐른다.

13 차로의 순위는 도로의 중앙선 쪽에 있는 차로부터 1차로로 한다. 다만 일방 통행도로에서는 도로의 왼쪽부터 1차로로 한다(도로교통법 시행규칙 제16조제3항).

14 최소 회전반경은 무부하 상태에서 지게차의 최저속도로 최소회전을 할 때 지게차의 가장 바깥부분이 그리는 원의 반경을 말한다.

15 건설기계의 조종 중 고의 또는 과실로 가스공급시설을 손괴하거나 가스공급시설의 기능에 장애를 입혀 가스의 공급을 방해한 경우에는 면허효력정지 180일이다.

16 건설기계조종사의 적성검사 기준(건설기계관리법 시행규칙 제76조)
1. 두 눈을 동시에 뜨고 잰 시력이 0.7 이상이고 두 눈의 시력이 각각 0.3 이상일 것
2. 55dB(보청기를 사용하는 사람은 40dB)의 소리를 들을 수 있고, 언어분별력이 80% 이상일 것
3. 시각은 150° 이상일 것
4. 정신질환자 또는 뇌전증환자, 마약 · 대마 · 향정신성의약품 또는 알코올중독자가 아닐 것

남은 문제 : 44문항

17 지게차 작업 전 점검사항으로 모두 옳은 것은?

㉠ 포크의 균열상태	㉡ 타이어의 공기압
㉢ 림의 변형	㉣ 조향장치 작동

① ㉠, ㉡ ② ㉠, ㉣
③ ㉠, ㉡, ㉢ ④ ㉢, ㉣

★★
18 산업재해의 통상적인 분류 중 통계적 분류를 설명한 것으로 틀린 것은?

① 사망 – 업무로 인해서 목숨을 잃게 되는 경우
② 중상해 – 부상으로 인하여 30일 이상의 노동 상실을 가져온 상해 정도
③ 경상해 – 부상으로 1일 이상 7일 이하의 노동 상실을 가져온 상해 정도
④ 무상해 사고 – 응급처치 이하의 상처로 작업에 종사하면서 치료를 받는 상해 정도

★
19 지게차의 등록번호표에 기재하는 사항이 아닌 것은?

① 등록번호 ② 기종
③ 용도 ④ 등록일시

★
20 안전상 장갑을 끼고 작업할 경우 위험성이 높은 작업은?

① 판금 작업 ② 용접 작업
③ 해머 작업 ④ 줄 작업

21 보안경을 착용해야 하는 작업과 가장 거리가 먼 것은?

① 연삭 작업 시 ② 건설기계 운전 시
③ 전기용접 작업 시 ④ 그라인더 작업 시

해설

17 조향장치의 작동 여부는 작업 중 점검사항이다.

18 중상해는 부상으로 2주 이상의 노동 손실을 가져온 상해를 말한다.

19 건설기계등록번호표에는 용도, 기종 및 등록번호를 표시하여야 한다(건설기계관리법 시행규칙 제13조).

20 **면장갑 착용 금지 작업**
선반 작업, 드릴 작업, 목공기계 작업, 그라인더 작업, 해머 작업, 기타 정밀기계 작업 등

21 보안경은 날아오는 물체에 의한 위험 또는 위험물, 유해 광선에 의한 시력 장애를 방지하기 위한 것이다.

남은 문제 : 39문항

★★★
22 가스가 새어 나오는 것을 검사할 때 가장 적합한 것은?

① 비눗물을 발라본다.
② 순수한 물을 발라본다.
③ 기름을 발라본다.
④ 촛불을 대어 본다.

★
23 건설기계를 도로에 계속하여 방치하거나 정당한 사유 없이 타인의 토지에 방치한 자에 대한 벌칙은?

① 2년 이하의 징역 또는 1천만 원 이하의 벌금
② 1년 이하의 징역 또는 1천만 원 이하의 벌금
③ 2백만 원 이하의 벌금
④ 1백만 원 이하의 벌금

★★★★
24 점검주기에 따른 건설기계 검사로 옳은 것은?

① 구조변경검사 ② 운행검사
③ 정기검사 ④ 신규등록검사

25 방향지시등의 전류를 일정한 주기로 단속, 점멸하는 장치는?

① 배터리 ② 플래셔 유닛
③ 스위치 ④ 릴레이

★★
26 지게차의 구성요소가 아닌 것은?

① 마스트 ② 암
③ 리프트 실린더 ④ 밸런스 웨이트

해설

22 비눗물을 가스누설 위험부위에 칠하면 거품이 발생하게 된다. 이 방법은 가스누설을 가장 정확하게 알아낼 수 있는 방법이다.

23 건설기계를 도로나 타인의 토지에 버려둔 자는 1년 이하의 징역 또는 1천만 원 이하의 벌금에 처한다(건설기계관리법 제41조).

24 ③ 정기검사 : 건설공사용 건설기계로서 3년의 범위에서 국토교통부령으로 정하는 검사유효기간이 끝난 후에 계속해서 운행하려는 경우에 실시하는 검사와 대기환경보전법 및 소음·진동관리법에 따른 운행차의 정기검사
① 구조변경검사 : 건설기계의 주요 구조를 변경하거나 개조한 경우 실시하는 검사
④ 신규등록검사 : 건설기계를 신규로 등록할 때 실시하는 검사

25 플래셔 유닛은 방향지시등에 흐르는 전류를 일정 주기로 단속, 점멸하여 자동차의 주행 방향을 알리는 장치이다.

26 암은 굴착기의 작업장치 중 하나로 붐과 버킷 사이의 연결부위를 말한다.

남은 문제 : 34문항

★★★
27 평탄한 노면에서 지게차를 운전하여 하역작업을 할 때 올바른 방법이 아닌 것은?

① 파렛트에 실은 짐이 안정되고 확실하게 실려 있는가를 확인한다.
② 포크를 삽입하고자 하는 곳과 평행하게 한다.
③ 불안전한 적재의 경우에는 빠르게 작업을 진행시킨다.
④ 화물 앞에서 정지한 후 마스트가 수직이 되도록 기울여야 한다.

★★★
28 지게차 유압유 온도 상승의 원인에 해당하지 않는 것은?

① 작동유의 점도가 너무 높을 때
② 유압유가 부족할 때
③ 유량이 과다할 때
④ 오일 냉각기의 냉각핀이 손상되었을 때

29 축전지 충전에 대한 설명으로 옳지 않은 것은?

① 표준용량 – 축전지 용량의 10%
② 최소용량 – 축전지 용량의 5%
③ 최대용량 – 축전지 용량의 30%
④ 급속용량 – 축전지 용량의 50%

30 에어클리너가 막혔을 때 배기가스의 색깔과 출력은?

① 배기가스의 색깔은 검은색이고 출력은 감소한다.
② 배기가스의 색깔은 검은색이고 출력은 무관하다.
③ 배기가스의 색깔은 흰색이고 출력은 무관하다.
④ 배기가스의 색깔은 흰색이고 출력은 증가한다.

★★★
31 유압회로에서 오일을 한쪽 방향으로만 흐르게 하는 밸브는?

① 릴리프 밸브 ② 파일럿 밸브
③ 체크 밸브 ④ 시퀀스 밸브

해설

27 불안전한 적재와 안전조치 없는 작업의 강행은 사고 발생의 원인이다.

28 유압유 온도가 상승하는 원인
- 기관의 온도가 낮아 오일의 점도가 높음
- 윤활회로의 일부가 막힘(특히 오일 필터가 막히면 유압상승의 원인이 됨)
- 유압조절밸브 스프링의 장력 과다, 고착
- 오일 쿨러(냉각기) 불량
- 고속운행과 연속된 과부하 작업
- 유압유가 부족함

29 정전류 충전 시 충전 전류
- 최대용량 : 축전지 용량의 20%
- 표준용량 : 축전지 용량의 10%
- 최소용량 : 축전지 용량의 5%

30 에어클리너(공기청정기)가 막히면 공기흡입량이 줄어들어 엔진의 출력이 저하되고, 농후한 혼합비로 인한 불완전연소로 검은색 배기가스가 배출된다.

31 체크 밸브는 유압의 흐름을 한 방향으로 통과시켜 역방향의 흐름을 막는 밸브이다.

남은 문제 : 29문항

★★
32 유압실린더 등이 중력에 의한 자유낙하를 방지하기 위해 배압을 유지하는 압력제어 밸브는?

① 감압 밸브 ② 체크 밸브
③ 릴리프 밸브 ④ 카운터 밸런스 밸브

33 축전지 구조 중 격리판의 필요조건이 아닌 것은?

① 다공성이고 전해액에 부식되면 안 된다.
② 전도성이고 전해액 확산이 잘 되어야 한다.
③ 극판에 해가 되지 않아야 한다.
④ 기계적 강도가 있어야 한다.

★
34 지게차를 작업용도에 따라 분류할 때 원추형 화물을 조이거나 회전시켜 운반 또는 적재하는 데 적합한 것은?

① 힌지드 버킷 ② 힌지드 포크
③ 로테이팅 클램프 ④ 로드 스태빌라이저

★★
35 그림과 같은 실린더의 명칭은?

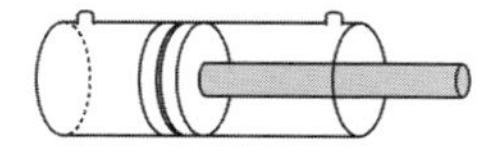

① 단동 실린더 ② 단동 다단실린더
③ 복동 실린더 ④ 복동 이중실린더

36 렌치 중 볼트의 머리를 완전히 감싸고 너트를 꽉 조여 미끄러질 위험이 적은 것은?

① 복스 렌치 ② 오픈 렌치
③ 멍키 렌치 ④ 파이프 렌치

해설

32 카운터 밸런스 밸브는 유압회로 내의 오일 압력을 제어하는 압력제어 밸브의 일종으로, 윈치나 유압실린더 등의 자유낙하를 방지하기 위하여 배압을 유지하는 제어밸브이다.

33 격리판은 비전도성이어야 한다.

34 로테이팅 클램프는 수평으로 잡아 주는 구조물이 달려 있어 양쪽에서 화물을 조일 수 있다. 로테이팅 클램프를 사용하면 화물을 수평으로 조이거나 회전시킬 수 있다.

35 복동 실린더
출력이 피스톤의 양쪽 방향 모두에서 발생하고 유압이 작동되는 반대쪽의 작동유는 작동유 탱크나 유압펌프로 되돌아간다. 유압 파이프나 호스 연결구가 2개이면 복동식이고, 1개이면 단동식이다.

36 복스 렌치(box wrench) : 오픈 렌치를 사용할 수 없는 오목한 부분의 볼트, 너트를 조이고 풀 때 사용한다. 볼트, 너트의 머리를 감쌀 수 있어 미끄러지지 않는다.

남은 문제 : 24문항

37 지게차의 하중을 지지해 주는 것은?

① 마스터 실린더　② 구동 차축
③ 차동 장치　④ 최종 구동장치

38 작업장 안전사항과 거리가 먼 것은?

① 연료통의 연료를 비우지 않고 용접을 해도 된다.
② 작업 종류 후 장비의 전원을 끈다.
③ 전원콘센트 및 스위치 등에 물을 뿌리지 않는다.
④ 운전 전 점검을 시행한다.

★
39 라디에이터 보조탱크의 기능으로 옳지 않은 것은?

① 장기간 냉각수 보충이 필요하지 않다.
② 냉각수의 온도를 알맞게 유지시킨다.
③ 오버플로우가 발생하면 증기만 배출한다.
④ 냉각수의 부피가 팽창하는 것을 흡수한다.

40 정기검사 연기신청을 하였으나 불허통지를 받은 자는 언제까지 정기검사를 신청하여야 하는가?

① 불허통지를 받은 날부터 5일 이내
② 불허통지를 받은 날부터 10일 이내
③ 정기검사신청기간 만료일부터 5일 이내
④ 정기검사신청기간 만료일부터 10일 이내

★★
41 납산 축전지를 충전기로 충전할 때 전해액의 온도가 상승하면 위험한 상황이 될 수 있다. 최대 몇 ℃를 넘지 않도록 하여야 하는가?

① 5℃　② 10℃
③ 25℃　④ 45℃

해설

37 구동 차축은 액슬 하우징 속에 종감속 기어 및 차동 장치와 연결되어 있다. 앞 액슬축은 하중지지와 구동 역할을 수행하고, 뒤 액슬축은 하중지지와 조향역할을 수행한다.

38 용접 시 발생하는 불꽃에 의해 연료통 내부에서 화재가 발생할 수 있다.

39 냉각수의 온도가 차가울 때는 수온조절기가 닫혀서 라디에이터 쪽으로 냉각수가 흐르지 못하게 하고 냉각수가 가열되면 점차 열리기 시작하여 정상온도가 되면 완전히 열려서 냉각수가 라디에이터로 순환된다. 따라서 냉각수의 온도를 유지하는 것은 수온조절기의 기능이다.

40 검사 · 명령이행 기간 연장 불허통지를 받은 자는 정기검사등의 신청기간 만료일부터 10일 이내에 검사신청을 해야 한다(건설기계관리법 시행규칙 제31조의2).

41 충전 중 전해액의 온도는 45℃ 이상으로 상승시켜서는 안 된다.

남은 문제 : 19문항

★★
42 냉각장치에 사용되는 라디에이터의 구성품이 아닌 것은?

① 냉각수 주입구 ② 냉각핀
③ 코어 ④ 물 재킷

43 디젤기관의 연료분사노즐에서 섭동 면의 윤활은 무엇으로 하는가?

① 윤활유 ② 연료
③ 그리스 ④ 기어오일

★
44 클러치식 지게차 동력 전달 순서는?

① 엔진 → 변속기 → 클러치 → 종감속기어 및 차동장치 → 앞구동축 → 차륜
② 엔진 → 클러치 → 변속기 → 종감속기어 및 차동장치 → 앞구동축 → 차륜
③ 엔진 → 클러치 → 종감속기어 및 차동장치 → 변속기 → 앞구동축 → 차륜
④ 엔진 → 변속기 → 클러치 → 앞구동축 → 종감속기어 및 차동장치 → 차륜

45 완전연소 시 배출되는 가스 중 가장 인체에 무해한 가스는?

① CO ② CO_2
③ HC ④ NOx

46 지게차의 유압탱크 유량을 점검하기 전 포크의 적절한 위치는?

① 포크를 지면에 내려놓고 점검한다.
② 최대적재량의 하중으로 포크는 지상에서 떨어진 높이에서 점검한다.
③ 포크를 최대로 높여 점검한다.
④ 포크를 중간높이에 두고 점검한다.

해설

42 물 재킷은 실린더 헤드와 블록에 일체 구조로 되어 있으며 냉각수가 순환하는 물통로이다.

43 디젤기관 연료장치는 연료가 윤활작용을 겸한다.

44 클러치식 지게차 동력 전달 순서
엔진 → 클러치 → 변속기 → 종감속기어 및 차동장치 → 앞 구동축 → 차륜

45 ① CO : 일산화탄소는 무색무취의 기체로 사람의 폐에 들어가면 혈액 속의 헤모글로빈과 결합하여 산소 운반을 방해해 사망에 이를 수 있다.
③ HC : 탄화수소는 이산화질소와 반응하여 광학스모그 현상을 일으킨다.
④ NOx : 질소산화물은 급성중독 시 폐수종을 일으켜 사망에 이를 수 있다.

46 지게차의 유량점검을 위해서는 포크를 최하단부인 지면에 내려놓아야 한다. 포크를 최대한 높이거나 중간위치에 두게 되면 작동유가 유압 실린더 내에 잔류하기 때문에 정확한 유량점검이 불가능하다.

남은 문제 : 14문항

47 다음 도로명판에 대한 설명으로 옳지 않은 것은?

1 ← 65 대명로23번길

① 대정로 시작점 부근에 설치된다.
② 대정로 종료지점에 설치된다.
③ 대정로는 총 650m이다.
④ 대정로 시작점에서 230m에 분기된 도로이다.

48 지게차 타이어에 적힌 것으로 [9.00-20-14PR]에서 20이 의미하는 것은?

① 타이어의 폭　② 타이어의 높이
③ 타이어의 내경　④ 타이어의 외경

49 지게차의 유니버셜 조인트 중 등속조인트는?

① 이중 십자형 자재이음　② 부등속 자재이음
③ 플렉시블 자재이음　④ 슬립이음

50 제동 유압장치의 작동원리는 어느 이론에 바탕을 둔 것인가?

① 열역학 제1법칙　② 보일의 법칙
③ 파스칼의 원리　④ 가속도 법칙

51 지게차의 브레이크를 자주 사용해 마찰열의 축적으로 드럼과 라이닝이 과열되어 제동력이 낮아지는 현상은?

① 노킹 현상　② 페이드 현상
③ 하이드로플래닝 현상　④ 채팅 현상

해설

47 제시된 도로명판은 대정로 종료지점에 설치된다.

48 순서대로 '타이어의 폭-타이어의 내경-플라이수'를 의미한다.

49 유니버셜 조인트 중 등속조인트는 이중 십자형 자재이음과 볼 자재이음이 있다.

50 파스칼의 원리 : 밀폐된 용기에 액체를 가득 채우고 힘을 가하면 그 내부의 압력은 용기의 모든 면에 수직으로 작용하며 동일한 압력으로 작용한다는 원리

51 페이드 현상은 마찰열이 축적되어 마찰계수의 저하로 제동력이 감소되는 현상을 말한다.

남은 문제 : 09문항

52 전기자 철심을 두께 0.35~1.0mm의 얇은 철판을 각각 절연하여 겹쳐 만든 주된 이유는?

① 열 발산을 방지하기 위해
② 코일의 발열을 방지하기 위해
③ 맴돌이 전류를 감소시키기 위해
④ 자력선의 통과를 차단시키기 위해

53 지게차의 주된 구동방식은?

① 앞바퀴 구동 ② 뒷바퀴 구동
③ 전후 구동 ④ 중간 차축 구동

★★★★
54 지게차로 화물을 적재하고 주행할 때 포크와 지면과의 간격으로 가장 적합한 것은?

① 지면에 밀착 ② 20~30cm
③ 40~60cm ④ 높이는 관계없이 작업한다.

55 기관에 사용되는 오일여과기에 대한 사항으로 틀린 것은?

① 여과기가 막히면 유압이 높아진다.
② 엘리먼트 청소는 압축공기를 사용한다.
③ 여과능력이 불량하면 부품의 마모가 빠르다.
④ 작업조건이 나쁘면 교환시기를 빨리한다.

56 가스관련법상 가스배관 주위를 굴착하고자 할 때 가스배관 주위 몇 m 이내를 인력으로 굴착하여야 하는가?

① 0.3 ② 0.5
③ 1 ④ 2

해설

52 전기자 철심은 자력선을 원활하게 통과시키고 맴돌이 전류를 감소시키기 위해 0.35~1.00mm의 얇은 철판을 각각 절연하여 겹쳐 만들었다.

53 지게차 구조의 특징은 전륜(앞바퀴) 구동에 뒷바퀴(후륜) 조향방식이다.

54 화물을 적재하고 주행할 경우, 포크와 지면과의 간격이 너무 낮거나 너무 높지 않도록 20~30cm를 유지하는 것이 좋다. 너무 높으면 주행 안정성이 떨어진다.

55 오일여과기의 엘리먼트는 여과지나 면사 등으로 구성되어 있어 청소를 통해 유지하기 보다는 기능 한계를 넘게 될 경우 교환해야 하는 소모성 부품이다. 압축공기로 청소하는 것은 건식 공기청정기이다.

56 도시가스배관 주위를 굴착하는 경우 도시가스배관의 좌우 1m 이내 부분은 인력으로 굴착할 것(도시가스사업법 시행규칙 별표16)

남은 문제 : 04문항

57 전기선로 주변에서 크레인, 지게차, 굴착기 등으로 작업 중 활선에 접촉하여 사고가 발생하였을 경우 조치 요령으로 가장 거리가 먼 것은?

① 발생개소, 정돈, 진척상태를 정확히 파악하여 조치한다.
② 이상상태 확대 및 재해 방지를 위한 조치, 강구 등의 응급조치를 한다.
③ 사고 당사자가 모든 상황을 처리한 후 상사인 안전담당자 및 작업관계자에게 통보한다.
④ 재해가 더 이상 확대되지 않도록 응급 상황에 대처한다.

58 디젤기관에서 타이머의 역할로 가장 적합한 것은?

① 분사량 조절
② 자동변속 단(저속~고속)조절
③ 연료 분사시기 조절
④ 기관속도 조절

★
59 운전 중 갑자기 계기판에 충전 경고등(빨간불)이 점등되었다. 그 현상으로 맞는 것은?

① 정상적으로 충전이 되고 있음을 나타낸다.
② 충전이 되지 않고 있음을 나타낸다.
③ 충전계통에 이상이 없음을 나타낸다.
④ 주기적으로 점등되었다가 소등되는 것이다.

60 클러치가 연결된 상태에서 기어변속을 하면 일어나는 현상은?

① 기어에서 소리가 나고 기어가 상한다.
② 변속레버가 마모된다.
③ 클러치 디스크가 마멸된다.
④ 변속이 원활하다.

해설

57 활선 접촉 사고는 큰 인명 및 재산 피해로 이어질 수 있으며 재해 구호 관련 전문가의 신속한 투입이 필요하다. 사고 당사자가 상황 파악 및 응급조치와 같은 대처를 하는 것은 당연하지만 모든 상황을 처리하는 것은 피해를 확대시킬 가능성이 크다.

58 타이머는 디젤기관의 분사펌프를 구성하는 기계요소로 기관의 회전속도 및 부하에 따라 연료의 분사시기를 조절하여 엔진동작이 조화롭게 이루어지도록 한다.

59 충전 경고등은 정상적으로 충전과정이 이루어지지 않을 때 점등되게 되어 있다. 즉, 충전계통에 문제점이 발생했다는 경고등이다.

60 클러치가 연결된 상태에서 기어변속을 하게 되면 본래 기관에 소리가 나고, 맞물려 돌아가는 기어를 무리하게 바꾸게 되므로 기어가 상하게 된다.

제11회 CBT 최신 경향 모의고사

★★★
01 기관에서 크랭크축을 회전시켜 엔진을 가동시키는 장치는?

① 시동장치 ② 예열장치
③ 점화장치 ④ 충전장치

02 엔진오일에 대한 설명으로 맞는 것은?

① 엔진을 시동한 상태에서 점검한다.
② 겨울보다 여름에는 점도가 높은 오일을 사용한다.
③ 엔진오일에는 거품이 많이 들어있는 것이 좋다.
④ 엔진오일 순환상태는 오일레벨 게이지로 확인한다.

03 다음 중 교차로에서 금지된 것은?

① 좌회전 ② 앞지르기
③ 우회전 ④ 서행 또는 일시정지

★★
04 지게차의 구성부품이 아닌 것은?

① 리프트 실린더 ② 버킷
③ 마스트 ④ 포크

★★★★
05 스패너 작업 시 유의할 사항으로 틀린 것은?

① 스패너의 입이 너트의 치수에 맞는 것을 사용해야 한다.
② 스패너의 자루에 파이프를 이어서 사용해서는 안 된다.
③ 스패너와 너트 사이에는 쐐기를 넣고 사용하는 것이 편리하다.
④ 너트에 스패너를 깊이 물리도록 하여 조금씩 앞으로 당기는 식으로 풀고 조인다.

해설

02
- 겨울철용 엔진오일 : 기온이 낮아서 낮은 점도의 오일이 필요하다. 점도가 높은 오일을 사용하면 크랭크축의 회전저항이 커져 기동이 어렵다.
- 여름철용 엔진오일 : 기온이 높으므로 기관오일의 점도가 높아야 한다.

03 앞지르기 금지장소
- 교차로, 터널 안, 다리 위
- 도로의 구부러진 곳, 비탈길의 고갯마루 부근 또는 가파른 비탈길의 내리막 등 시 · 도경찰청장이 도로에서의 위험을 방지하고 교통의 안전과 원활한 소통을 확보하기 위하여 필요하다고 인정하는 곳으로서 안전표지로 지정한 곳

04 버킷은 굴착기, 로더 등에서 토사 등을 굴착하기 위해 절삭날을 부착한 것이다.

05 스패너는 스패너의 입이 너트의 치수와 꼭 맞는 것을 사용해야 한다. 스패너와 너트 사이에 쐐기와 같은 보조물을 삽입하여 사용하면 스패너가 갑자기 겉돌면서 안전사고를 일으킬 위험성이 있다.

남은 문제 : 55문항

06 변속기의 필요성과 관계가 없는 것은?

① 시동 시 장비를 무부하 상태로 한다.
② 기관의 회전력을 증대시킨다.
③ 장비의 후진 시 필요하다.
④ 환향을 빠르게 한다.

★★★
07 디젤기관 연료여과기에 설치된 오버플로우 밸브(overflow valve)의 기능이 아닌 것은?

① 여과기 각 부분 보호
② 연료공급 펌프 소음 발생 억제
③ 운전 중 공기배출 작용
④ 인젝터의 연료분사 시기 제어

★
08 타이어식 건설기계에서 앞바퀴 정렬의 역할과 거리가 먼 것은?

① 브레이크의 수명을 길게 한다.
② 타이어 마모를 최소로 한다.
③ 방향 안정성을 준다.
④ 조향핸들의 조작을 작은 힘으로 쉽게 할 수 있다.

★
09 먼지가 많이 발생하는 건설기계 작업장에서 사용하는 마스크로 가장 적합한 것은?

① 산소 마스크　② 가스 마스크
③ 방독 마스크　④ 방진 마스크

10 건설기계조종사 면허를 발급하는 자는?

① 대통령　② 시장 · 군수 또는 구청장
③ 경찰서장　④ 국토교통부장관

해설

06 변속기의 필요성
- 엔진과 액슬축 사이에서 회전력을 증대시키기 위해
- 엔진 시동 시 무부하 상태(중립)로 두기 위해
- 건설기계의 후진을 위해

07 오버플로우 밸브의 기능
- 여과기 각 부분을 보호
- 여과기의 성능을 향상시킴
- 운전 중 공기빼기 작용을 함
- 연료공급펌프의 소음 발생 억제
- 공급펌프와 분사펌프 내의 연료 균형 유지

08 차량의 앞바퀴를 위에서 내려다보면 바퀴 중심선 사이의 거리가 앞쪽이 뒤쪽보다 약간 좁게 되어 있는데 이를 토인이라 한다. 토인은 앞바퀴 사이드 슬립과 타이어 마멸을 방지하며 캠버, 조향 링키지 마멸 및 주행 저항과 구동력의 반력에 의한 토아웃을 방지하여 주행 안정성을 높인다. 그리고 앞바퀴를 평행하게 회전시켜 조향핸들 조작도 용이하게 해준다.

09 방진 마스크는 먼지가 많은 곳에서 사용하는 보호구로 여과 효율이 좋고 흡배기 저항이 낮아야 하며 중량이 가볍고 시야가 넓어야 한다. 또한 안면 밀착성이 좋고 피부 접촉 부위의 고무 질이 좋아야 한다.

10 건설기계를 조종하려는 사람은 시장 · 군수 또는 구청장에게 건설기계조종사 면허를 받아야 한다(건설기계관리법 제26조).

남은 문제 : 50문항

★★
11 동일한 전지 2개를 직렬로 연결했을 때 옳은 것은?

① 전압 2배, 용량 2배
② 전압 그대로, 용량 2배
③ 전압 2배, 용량 그대로
④ 전압 그대로, 용량 그대로

12 감전의 위험이 많은 작업현장에서 보호구로 가장 적절한 것은?

① 보안경
② 구급용품
③ 로프
④ 보호장갑

13 안전보건표지의 종류와 형태에서 그림의 표지로 맞는 것은?

① 보행금지
② 몸균형 상실 경고
③ 안전복 착용
④ 방독 마스크 착용

14 다음 중 전조등 회로의 구성으로 맞는 것은?

① 전조등 회로는 직렬로 연결되어 있다.
② 전조등 회로는 퓨즈와 병렬로 연결되어 있다.
③ 전조등 회로는 직렬과 병렬로 연결되어 있다.
④ 전조등 회로 전압은 5V 이하이다.

15 기관에 사용되는 윤활유의 성질 중 가장 중요한 것은?

① 온도
② 점도
③ 습도
④ 건도

16 다음 기초번호판에 대한 설명으로 옳지 않은 것은?

① 도로명과 건물번호를 나타낸다.
② 도로의 시작 지점에서 끝 지점 방향으로 기초번호가 부여된다.
③ 표지판이 위치한 도로는 종로이다.
④ 건물이 없는 도로에 설치된다.

해설

11 직렬로 연결하면 전압이 올라가고, 병렬로 연결하면 전류가 상승한다. 직렬연결 시 전압은 개수만큼 증가하지만 용량은 1개일 때와 같다. 병렬로 연결하면 용량은 개수만큼 증가하지만 전압은 1개일 때와 같다.

12 감전을 방지하기 위해서 절연체로 만들어진 보호장갑을 착용한다.

13 금지신호의 경우 사선이 그려져 있어야 하며 경고표시는 삼각형 모양의 표지를 사용한다. 원 내부 그림은 안전복 착용을 지시하는 것임을 쉽게 알 수 있다.

보행금지 : 

몸균형 상실 경고 : 

방독 마스크 착용 : 

14 전조등은 좌 · 우에 1개씩 설치되어 있어야 하고, 일반적으로 건설기계에 설치되는 좌 · 우 전조등은 병렬로 연결된 복선식 구성이다.

15 윤활유의 작용은 실린더 내 기밀 유지작용, 냉각작용, 열전도 작용, 응력 분산작용, 충격 완화작용, 부식 방지작용, 마찰 감소 및 마멸 방지작용, 청정작용이다. 이와 같은 윤활유의 작용이 원활하게 이루어지려면 윤활유의 점도가 적당해야 하며 온도에 따른 점성 변화가 작게 유지되어야 한다.

16 ① 도로명과 기초번호를 나타낸다.

남은 문제 : 44문항

17 전기회로의 안전사항으로 설명이 잘못된 것은?

① 전기장치는 반드시 접지하여야 한다.
② 전선의 접속은 접촉저항을 크게 하는 것이 좋다.
③ 퓨즈는 용량이 맞는 것을 끼워야 한다.
④ 모든 계기 사용 시 최대 측정범위를 초과하지 않도록 해야 한다.

18 브레이크를 밟았을 때 차가 한쪽 방향으로 쏠리는 원인으로 가장 거리가 먼 것은?

① 브레이크 오일회로에 공기 혼입
② 타이어의 좌우 공기압이 틀릴 때
③ 드럼 슈에 그리스나 오일이 묻었을 때
④ 드럼의 변형

19 지게차 운전 중 아래와 같은 경고등이 점등되었다. 경고등의 명칭은?

① 연료 게이지
② 엔진 회전수 게이지
③ 미션 온도 게이지
④ 냉각수 온도 게이지

★★★
20 지게차를 주차할 때 취급사항으로 틀린 것은?

① 포크를 지면에 완전히 내린다.
② 기관을 정지한 후 주차 브레이크를 작동시킨다.
③ 시동을 끈 후 시동스위치의 키는 그대로 둔다.
④ 포크의 선단이 지면에 닿도록 마스트를 전방으로 적절히 경사시킨다.

21 지게차의 적재방법으로 틀린 것은?

① 포크로 물건을 찌르거나 물건을 끌어서 올리지 않는다.
② 화물이 무거우면 사람이나 중량물로 밸런스 웨이트를 삼는다.
③ 화물을 올릴 때는 포크를 수평으로 한다.
④ 화물을 올릴 때는 가속페달을 밟는 동시에 레버 조작을 한다.

해설

17 접촉저항(contact resistance)이 없거나 적을수록 전류의 흐름이 원활하다.

18 브레이크 쏠림현상 원인
- 라이닝 간극 조정 불량
- 좌우 타이어 공기압 불균일 및 전륜 정렬 불량
- 휠 실린더 작동 불량
- 브레이크 드럼 변형 및 쇽 업소버 작동 불량

19 냉각수 온도 게이지를 나타낸다.

20 지게차를 주차시킬 때는 핸드 브레이크 레버를 뒤로 당기고 시프트 레버는 중립에 놓으며 포크는 바닥에 내려놓는다. 또한 기관이 완전히 정지된 것을 확인한 후 시동스위치 키를 빼내 안전한 장소에 보관한다.

21 정해진 용량과 크기 이상의 화물을 실을 경우 안전상 매우 위험하며, 장비에 무리를 초래해 고장을 촉진한다.

남은 문제 : 39문항

★
22 기어 펌프의 특징이 아닌 것은?

① 구조가 간단하다. ② 고장이 많다.
③ 가격이 저렴하다. ④ 효율이 낮다.

23 유압 실린더 중 피스톤의 양쪽에 유압유를 교대로 공급하여 양방향의 운동을 유압으로 작동시키는 형식은?

① 단동식 ② 복동식
③ 다동식 ④ 편동식

★★★★
24 성능이 불량하거나 사고가 빈발하는 건설기계의 성능을 점검하기 위하여 국토교통부장관 또는 시 · 도지사의 명령에 따라 수시로 실시하는 검사는?

① 신규등록검사 ② 정기검사
③ 수시검사 ④ 구조변경검사

★★★
25 도로교통법상 서행 또는 일시정지할 장소로 지정된 곳은?

① 안전지대 우측
② 가파른 비탈길의 내리막
③ 좌우를 확인할 수 있는 교차로
④ 교량 위를 통행할 때

26 다음 중 드라이버 사용방법으로 틀린 것은?

① 날 끝 홈의 폭과 깊이가 같은 것을 사용한다.
② 전기작업 시 자루는 모두 금속으로 되어 있는 것을 사용한다.
③ 날 끝이 수평이어야 하며 둥글거나 빠진 것은 사용하지 않는다.
④ 작은 공작물이라도 한손으로 잡지 않고 바이스 등으로 고정하고 사용한다.

해설

22 기어 펌프의 특징
- 소형이고 경량이다.
- 구조가 간단하여 고장이 적다.
- 고속 회전이 가능하고 가격이 저렴하다.
- 부하 변동 및 회전 변동이 큰 가혹한 조건에도 사용이 가능하다.
- 흡입력이 좋아 탱크에 가압을 하지 않아도 다른 것에 비하여 펌프질이 잘 된다.
- 수명이 짧고 소음 및 진동이 크다.
- 초고압이 곤란하다.
- 플런저 펌프에 비해 효율이 낮다.

23 유압 파이프나 호스 연결구가 2개이면 복동식이고, 1개이면 단동식이다.

24 건설기계의 검사(건설기계관리법 제13조 제1항)
1. 신규등록검사 : 건설기계를 신규로 등록할 때 실시하는 검사
2. 정기검사 : 건설공사용 건설기계로서 3년의 범위 내에서 국토교통부령으로 정하는 검사유효기간이 끝난 후에 계속하여 운행하려는 경우에 실시하는 검사와 「대기환경보전법」 제62조 및 「소음 · 진동관리법」 제37조에 따른 운행차의 정기검사
3. 구조변경검사 : 건설기계의 주요 구조를 변경하거나 개조한 경우 실시하는 검사
4. 수시검사 : 성능이 불량하거나 사고가 자주 발생하는 건설기계의 안전성 등을 점검하기 위하여 수시로 실시하는 검사와 건설기계소유자의 신청을 받아 실시하는 검사

25 서행 또는 일시정지할 장소(도로교통법 제31조)
1. 교통정리를 하고 있지 아니하는 교차로
2. 도로가 구부러진 부근
3. 비탈길의 고갯마루 부근
4. 가파른 비탈길의 내리막
5. 시 · 도경찰청장이 도로에서의 위험을 방지하고 교통의 안전과 원활한 소통을 확보하기 위해 필요하다고 인정하여 안전표지로 지정한 곳

26 전기작업 시 절연된 자루(손잡이)를 사용한다.

남은 문제 : 34문항

★★
27 건설기계를 운전하여 교차로 전방 20m 지점에 이르렀을 때 황색 등화로 바뀌었을 경우 운전자의 조치방법은?

① 일시정지하여 안전을 확인하고 진행한다.
② 정지할 조치를 취하여 정지선에 정지한다.
③ 그대로 계속 진행한다.
④ 주위의 교통에 주의하면서 진행한다.

★
28 도로교통법상 차마의 통행을 구분하기 위한 중앙선에 대한 설명으로 옳은 것은?

① 백색 및 회색의 실선 및 점선으로 되어 있다.
② 백색의 실선 및 점선으로 되어 있다.
③ 황색의 실선 또는 황색 점선으로 되어 있다.
④ 황색 및 백색의 실선 및 점선으로 되어 있다.

★★
29 디젤기관에 과급기를 부착하는 주된 목적은?

① 출력의 증대 ② 냉각효율의 증대
③ 배기의 정화 ④ 윤활성의 증대

★
30 아세틸렌 용접기의 방호장치는?

① 덮개 ② 안전기
③ 스위치 ④ 밸브

31 수동변속기가 설치된 건설기계에서 클러치가 미끄러지는 원인과 가장 거리가 먼 것은?

① 클러치 페달 자유간극 과소
② 압력판의 마멸
③ 클러치판의 오일 부착
④ 클러치판의 런아웃 과다

해설

27 황색 등화 시 차마는 정지선이 있거나 횡단보도가 있을 때에는 그 직전이나 교차로의 직전에 정지하여야 하며, 이미 교차로에 차마의 일부라도 진입한 경우에는 신속히 교차로 밖으로 진행하여야 한다(도로교통법 시행규칙 별표2).

28 중앙선이란 차마의 통행 방향을 명확하게 구분하기 위하여 도로에 황색 실선이나 황색 점선 등의 안전표지로 표시한 선 또는 중앙분리대나 울타리 등으로 설치한 시설물을 말한다. 다만 가변차로가 설치된 경우에는 신호기가 지시하는 진행 방향의 가장 왼쪽에 있는 황색 점선을 말한다(도로교통법 제2조제5호).

29 과급기는 흡기 다기관을 통해 각 실린더의 흡입 밸브가 열릴 때마다 신선한 공기가 다량으로 들어갈 수 있도록 해주는 장치로, 실린더의 흡입 효율이 좋아져 출력이 증대된다.

30 아세틸렌 용접장치 또는 가스집합 용접장치의 방호장치 : 안전기

31 동력전달장치의 하나인 클러치는 기관과 변속기 사이에 부착되며 기관의 동력을 차단하거나 연결하는 역할을 한다. 클러치면이 마멸되거나 오일과 같은 이물질이 붙을 경우, 클러치 페달의 자유간극이 작거나 클러치 압력판 스프링이 손상된 경우, 릴리스 레버의 조정이 불량하면 클러치가 미끄러지게 된다.

남은 문제 : 29문항

★
32 라디에이터의 구비조건이 아닌 것은?

① 단위면적당 방열량이 커야 한다.
② 공기 흐름 저항이 커야 한다.
③ 냉각수 흐름 저항이 적어야 한다.
④ 가볍고 작으며, 강도가 커야 한다.

★★★
33 작업할 때 안전성 및 균형을 잡아주기 위해 지게차 장비 뒤쪽에 설치되어 있는 것은?

① 변속기 ② 기관
③ 클러치 ④ 카운터 웨이트

★★★★
34 지게차로 화물을 운반할 때 포크의 높이는 얼마 정도가 안전하고 적합한가?

① 가능하면 포크를 최대한 높게 유지한다.
② 지면으로부터 20~30cm 정도 높이를 유지한다.
③ 지면으로부터 60~80cm 정도 높이를 유지한다.
④ 지면과 가까이 붙어서 가볍게 접촉할 정도의 높이를 유지한다.

★★★
35 지게차의 조종 레버에 대한 설명으로 틀린 것은?

① 전후진 레버를 앞으로 밀면 후진이 된다.
② 틸트 레버를 뒤로 당기면 마스트는 뒤로 기운다.
③ 리프트 레버를 앞으로 밀면 포크가 내려간다.
④ 전후진 레버를 뒤로 당기면 후진이 된다.

36 차의 신호에 대한 설명 중 틀린 것은?

① 신호는 그 행위가 끝날 때까지 하여야 한다.
② 신호의 시기 및 방법은 운전자가 편리한 대로 한다.
③ 방향전환, 횡단, 유턴, 서행, 정지 또는 후진 시 신호를 하여야 한다.
④ 진로 변경 시에는 손이나 등화로서 할 수 있다.

해설

32 공기의 유동 저항이 적어야 한다.

33 카운터 웨이트(평형추)는 지게차 맨 뒤쪽에 설치되어 차체 앞쪽에 화물을 실었을 때 쏠리는 것을 방지하는 역할을 한다.

34 화물을 높이 들어 올리면 떨어트릴 위험이 있으므로 주행 시 포크와 지면과의 간격은 20~30cm를 유지하도록 한다.

35 전후진 레버를 앞으로 밀면 전진하고, 뒤로 당기면 후진한다.

36 ② 신호를 하는 시기와 방법은 대통령령으로 정한다(도로교통법 제38조).

남은 문제 : 24문항

37 지게차의 운전을 종료했을 때 취해야 할 안전사항이 아닌 것은?

① 각종 레버는 중립에 둔다.
② 연료를 빼낸다.
③ 주차 브레이크를 작동시킨다.
④ 전원 스위치를 차단시킨다.

38 수동식 변속기가 장착된 장비에서 클러치 페달에 유격을 두는 이유는?

① 클러치 용량을 크게 하기 위해
② 클러치의 미끄럼을 방지하기 위해
③ 엔진 출력을 증가시키기 위해
④ 제동 성능을 증가시키기 위해

★
39 건설기계를 등록할 때 필요한 서류가 아닌 것은?

① 건설기계 제작증
② 수입면장
③ 매수증서
④ 건설기계검사증 등본원부

40 화재 시 소화원리에 대한 설명으로 틀린 것은?

① 기화소화법은 가연물을 기화시키는 것이다.
② 냉각소화법은 열원을 발화온도 이하로 냉각하는 것이다.
③ 질식소화법은 가연물에 산소공급을 차단하는 것이다.
④ 제거소화법은 가연물을 제거하는 것이다.

★★★★
41 건설기계조종사 면허를 받지 아니하고 건설기계를 운행하면 어떻게 되는가? (단, 소형 건설기계 제외)

① 1개월 이내에 면허를 발급받으면 처벌받지 않는다.
② 도로에서 운행하지만 않는다면 처벌받지 않는다.
③ 사고만 일으키지 않는다면 처벌받지 않는다.
④ 1년 이하의 징역 또는 1천만 원 이하의 벌금에 처한다.

해설

37 지게차의 운전을 종료했을 때 취해야 할 안전사항
- 모든 조종장치를 기본 위치에 둔다.
- 스위치를 차단시킨다.
- 변속장치는 중립에 둔다.

38 클러치 페달의 자유간극(유격)이 작으면 클러치가 미끄러져 출발 또는 주행 중 가속했을 때 기관의 회전속도는 증가하지만 출발이 잘 안 되거나 주행속도가 증속되지 않는다.

39 건설기계 등록 시 필요한 서류(건설기계관리법 시행령 제3조제1항)
1. 해당 건설기계의 출처를 증명하는 서류 : 건설기계제작증(국내에서 제작한 건설기계), 수입면장 등 수입사실을 증명하는 서류(수입한 건설기계), 매수증서(행정기관으로부터 매수한 건설기계)
2. 건설기계의 소유자임을 증명하는 서류
3. 건설기계제원표
4. 보험 또는 공제의 가입을 증명하는 서류

40 연소가 이루어지려면 태워야 할 물질, 즉 가연물이 있어야 하고 가연물에 불을 붙일 점화원이 있어야 하며 연소 시 산소를 공급할 공기가 있어야 한다. 이때 가연물, 점화원, 공기를 연소의 3요소라 일컫는다. 소화 작업의 기본 요소는 연소의 3요소를 차단하는 것이다.

41 건설기계조종사 면허를 받지 아니하고 건설기계를 조종한 자는 1년 이하의 징역 또는 1천만 원 이하의 벌금에 처한다(건설기계관리법 제41조).

남은 문제 : 19문항

42 실드빔식 전조등에 대한 설명으로 맞지 않는 것은?

① 대기 조건에 따라 반사경이 흐려지지 않는다.
② 내부에 불활성 가스가 들어 있다.
③ 사용에 따른 광도의 변화가 적다.
④ 필라멘트를 갈아 끼울 수 있다.

★
43 지게차의 일상 점검사항이 아닌 것은?

① 토크 컨버터의 오일 점검
② 타이어 손상 및 공기압 점검
③ 틸트 실린더의 오일 누유 상태
④ 작동유의 양

★★★
44 유압탱크의 구비조건과 가장 거리가 먼 것은?

① 적당한 크기의 주유구 및 스트레이너를 설치한다.
② 드레인(배출밸브) 및 유면계를 설치한다.
③ 오일에 이물질이 혼입되지 않도록 밀폐되어야 한다.
④ 오일냉각을 위한 쿨러를 설치한다.

45 사고 원인으로서 작업자의 불안전한 행위는?

① 안전 조치의 불이행 ② 작업장 환경 불량
③ 물적 위험상태 ④ 기계의 결함상태

★★
46 건설기계조종사 면허가 취소되거나 효력정지처분을 받은 후에도 건설기계를 계속하여 조종한 자에 대한 벌칙은?

① 50만 원 이하의 벌금
② 100만 원 이하의 벌금
③ 1년 이하의 징역 또는 1천만 원 이하의 벌금
④ 2년 이하의 징역 또는 2천만 원 이하의 벌금

해설

42 실드빔 전조등은 렌즈나 필라멘트를 교환하는 것이 불가능하다.

43 토크 컨버터는 유체클러치에서 오일에 의해 엔진의 동력을 변속기로 전달하는 장치이다. 토크 컨버터의 오일점검은 특수 정비사항이다.

44 유압탱크는 적정 유량을 저장하고 적정 유온을 유지하며 작동유의 기포 발생 방지 및 제거의 역할을 한다. 주유구와 스트레이너가 설치되어 있으며 유면계가 설치되어 있어 유량을 점검할 수 있다. 이물질 혼합이 일어나지 않도록 밀폐되어 있어야 한다. 오일냉각기는 독립적으로 설치한다.

46 건설기계조종사 면허가 취소되거나 건설기계조종사 면허의 효력정지처분을 받은 후에도 건설기계를 계속하여 조종한 자는 1년 이하의 징역 또는 1천만 원 이하의 벌금에 처한다(건설기계관리법 제41조).

남은 문제 : 14문항

★★★
47 순차 작동 밸브라고도 하며, 각 유압 실린더를 일정한 순서로 순차 작동시키고자 할 때 사용하는 것은?

① 릴리프 밸브 ② 감압 밸브
③ 시퀀스 밸브 ④ 언로드 밸브

48 다음의 기호가 의미하는 것은?

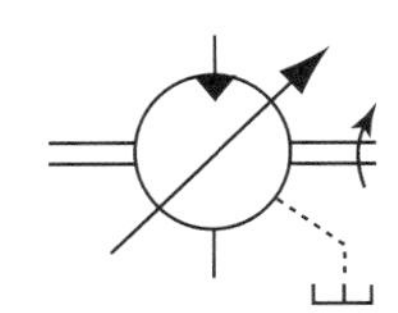

① 유압모터
② 유압펌프
③ 공기압모터
④ 요동모터

★
49 유압장치의 장점이 아닌 것은?

① 작은 동력원으로 큰 힘을 낼 수 있다.
② 과부하 방지가 용이하다.
③ 운동방향을 쉽게 변경할 수 있다.
④ 고장원인의 발견이 쉽고 구조가 간단하다.

★★★
50 건설기계조종사 면허의 반납 사유로 틀린 것은?

① 면허가 취소된 때
② 면허의 효력이 정지된 때
③ 면허증의 재교부를 받은 후 분실된 면허증을 발견한 때
④ 주소를 이전했을 때

★
51 유류화재 시 소화방법으로 부적절한 것은?

① 모래를 뿌린다.
② 다량의 물을 부어 끈다.
③ ABC소화기를 사용한다.
④ B급 화재 소화기를 사용한다.

해설

47 시퀀스 밸브는 2개 이상의 분기회로가 있는 회로에서 작동 순서를 회로의 압력 등으로 제어하는 밸브이다.

48 그림은 유압모터를 나타낸다.

49 유압장치(기계)의 장점
- 소형으로 성능이 좋음
- 원격조작 및 무단변속 용이
- 회전 및 직선운동 용이
- 과부하 방지 용이
- 내구성이 좋음

유압장치(기계)의 단점
- 배관이 까다롭고 오일 누설이 많음
- 오일은 연소 및 비등하여 위험
- 유압유의 온도에 따라 기계의 작동속도가 변함
- 에너지 손실이 많음
- 원동기의 마력이 커짐

50 건설기계조종사 면허를 받은 자가 면허가 취소된 때, 면허의 효력이 정지된 때, 면허증 재교부를 받은 후 잃어버린 면허증을 발견한 때에는 그 사유가 발생한 날부터 10일 이내에 시장·군수 또는 구청장에게 면허증을 반납하여야 한다(건설기계관리법 시행규칙 제80조).

51 유류화재 시 물을 부을 경우 기름이 물에 뜨면서 화재가 확산될 수 있으므로 모래나 ABC소화기, B급 화재 전용소화기를 이용하여 진압해야 한다.

남은 문제 : 09문항

★★
52 **지게차로 적재작업을 할 때 유의사항으로 틀린 것은?**

① 운반하려고 하는 화물 가까이 가면 속도를 줄인다.
② 화물 앞에서는 일단 정지한다.
③ 화물이 무너지거나 파손 등의 위험성 여부를 확인한다.
④ 화물을 높이 들어 올려 아랫부분을 확인하며 천천히 출발한다.

53 **다음에서 설명하는 지게차의 작업장치는?**

L자형으로 2개이며, 핑거 보드에 체결되어 화물을 받쳐 드는 부분이다.

① 마스트　　② 백레스트
③ 평형추　　④ 포크

★
54 **지게차의 틸트 실린더에서 사용하는 유압 실린더의 형식으로 옳은 것은?**

① 단동식　　② 스프링식
③ 복동식　　④ 왕복식

★★
55 **지게차를 운행할 때 주의사항으로 틀린 것은?**

① 급유 중은 물론 운전 중에도 화기를 가까이 하지 않는다.
② 적재 시 급제동을 하지 않는다.
③ 내리막길에서는 브레이크를 밟으면서 서서히 주행한다.
④ 적재 시에는 최고속도로 주행한다.

★★
56 **건설기계에 사용하는 유압 작동유의 성질을 향상시키기 위하여 사용되는 첨가제 종류가 아닌 것은?**

① 점도지수 향상제　　② 산화방지제
③ 소포제　　④ 유동점 향상제

해설

52 화물적재 시 포크를 지면으로부터 20~30cm 정도 들고 천천히 주행한다.

53 ① 마스트 : 백레스트가 가이드 롤러(리프트 롤러)를 통하여 상하 미끄럼 운동을 할 수 있는 레일
② 백레스트 : 포크의 화물 뒤쪽을 받쳐주는 부분
③ 평형추(카운터 웨이트) : 지게차 맨 뒤쪽에 설치되어 차체 앞쪽에 화물을 실었을 때 쏠리는 것을 방지

54 지게차의 틸트 실린더는 복동식이다.

55 **지게차의 운행 방법**
- 주행방향을 바꿀 때에는 완전 정지 또는 저속에서 운행한다.
- 급선회, 급가속, 급제동은 피하고 내리막길에서는 저속으로 운행한다.
- 중량물을 운반 중인 경우에는 반드시 제한속도를 유지한다.
- 화물을 적재하고 주행할 경우, 포크와 지면과의 간격이 너무 낮거나 너무 높지 않도록 20~30cm를 유지하는 것이 좋다. 너무 높으면 주행 안정성이 떨어진다.
- 중량물을 운반 중인 경우에는 반드시 제한속도를 유지한다.

56 **작동유의 첨가제** : 소포제(거품방지제), 유동점 강하제, 산화방지제, 점도지수 향상제 등

남은 문제 : 04문항

57 지게차 조향장치에서 유압 조향 실린더 작동기와 벨크랭크 사이에 설치되는 것은?

① 타이로드 ② 피트먼 암
③ 조향 암 ④ 드래그링크

58 다음 중 석탄, 소금, 비료, 모래 등 흘러내리기 쉬운 화물 운반용으로 가장 적합한 것은?

① 힌지 버킷 ② 로테이팅 클램프 마스트
③ 스키드 포크 ④ 로드 스태빌라이저

59 지하차도 교차로 표지로 옳은 것은?

①

②

③

④
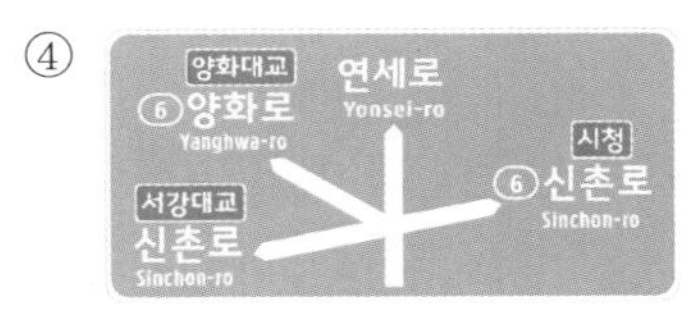

★
60 무한궤도식 건설기계에서 트랙의 구성품으로 맞는 것은?

① 슈, 조인트, 스프로킷, 핀, 슈볼트
② 스프로킷, 트랙롤러, 상부롤러, 아이들러
③ 슈, 스프로킷, 하부롤러, 상부롤러, 감속기
④ 슈, 슈볼트, 링크, 부싱, 핀

해설

57 드래그링크
- 일체차축방식 조향기구에서 피트먼 암과 너클 암(제3암)을 연결하는 로드
- 피트먼 암을 중심으로 원호운동을 함

58 힌지 포크는 원목이나 파이프 등의 화물의 운반 · 적재용이고, 힌지 버킷은 석탄, 소금, 모래, 비료 등 흘러내리기 쉬운 화물의 운반용이다.

59 ① 3방향 도로명 표지(지하차도 교차로)
② 3방향 도로명 표지(고가차도 교차로)
③ 3방향 도로명 표지(K자형 교차로)
④ 다지형 교차로 도로명 표지

60 무한궤도식의 트랙은 링크, 핀, 부싱, 슈 및 슈핀 등으로 구성되며 아이들러 상하부롤러 스프로킷에 감겨져 있고 스프로킷에서 동력을 받아 구동된다.

60문항 60분

제12회 CBT 최신 경향 모의고사

★★★
01 디젤기관이 시동되지 않을 때의 원인과 가장 거리가 먼 것은?

① 연료가 부족하다.
② 연료 계통에 공기가 차 있다.
③ 기관의 압축압력이 높다.
④ 연료 공급펌프가 불량하다.

★
02 고속 디젤기관의 장점으로 틀린 것은?

① 열효율이 가솔린기관보다 높다.
② 인화점이 높은 경유를 사용하므로 취급이 용이하다.
③ 가솔린기관보다 최고 회전수가 빠르다.
④ 연료 소비량이 가솔린기관보다 적다.

★
03 다음 중 연소 시 발생하는 질소산화물(NOx)의 발생 원인과 가장 밀접한 관계가 있는 것은?

① 높은 연소 온도　② 가속 불량
③ 흡입 공기 부족　④ 소염 경계층

04 펌프의 최고 토출압력, 평균효율이 가장 높아 고압 대출력에 사용하는 유압펌프로 가장 적합한 것은?

① 기어 펌프　② 베인 펌프
③ 트로코이드 펌프　④ 피스톤 펌프

05 유압장치의 기본적인 구성요소가 아닌 것은?

① 유압 발생장치　② 유압 축적장치
③ 유압 제어장치　④ 유압 구동장치

해설

01 디젤기관의 시동이 되지 않는 원인으로는 기관의 압축압력이 낮을 경우, 연료가 부족할 경우, 연료 계통에 공기가 차 있을 경우, 연료 공급펌프가 불량하여 연료 가 잘 공급되지 않을 경우를 들 수 있다.

02 디젤기관은 가솔린기관에 비하여 열효율이 높고 연료 소비율이 적은 장점이 있다. 또한 연료의 인화점이 높아 그 취급이나 저장에 위험이 적고 대형기관의 제작을 가능하게 한다. 반면, 평균 유효 압력 및 회전속도가 낮고 운전 중 진동과 소음이 큰 단점이 있다.

03 질소산화물이 만들어지려면 매우 높은 온도가 가해져야 한다. 자동차의 엔진 등의 내부에서는 매우 높은 온도가 형성되기 때문에 배기가스가 질소산화물로 방출된다.

04 피스톤 펌프는 배출량의 변화 범위가 넓어 가변 용량이 가능하며 고압에서 누설이 적어 체적 효율이 가장 높다. 또한 다른 펌프에 비하여 수명이 긴 장점이 있다.

05 **유압장치의 기본 구성요소** : 유압 발생장치, 유압 구동장치, 유압 제어장치

남은 문제 : 55문항

06 시동전동기의 회전력 시험은 어떻게 측정하는가?

① 공전기 회전력을 측정한다. ② 중속기 회전력을 측정한다.
③ 고속기 회전력을 측정한다. ④ 정지 시 회전력을 측정한다.

★
07 디젤 연료의 세탄가와 가장 밀접한 관련이 있는 것은?

① 열효율 ② 폭발압력
③ 착화성 ④ 인화성

★★
08 디젤 연료장치에서 연료탱크 내의 이물질을 배출할 수 있는 장치는?

① 노즐 상단 피팅 ② 에어블리드 스쿠루
③ 벤트 플러그 ④ 드레인 플러그

★
09 다음 중 기관오일의 여과 방식이 아닌 것은?

① 분류식 ② 자력식
③ 전류식 ④ 샨트식

★★
10 윤활유의 온도변화에 따라 점도변화가 큰 오일의 점도지수는?

① 점도지수가 높은 것이다.
② 점도지수가 낮은 것이다.
③ 점도지수는 변하지 않는 것이다.
④ 점도변화와 점도지수는 무관하다.

11 다음 중 연료장치에 관한 설명으로 옳지 않은 것을 고르면?

① 연료 공급펌프는 연료를 고압으로 압축하여 각 실린더 분사 노즐로 압송한다.
② 플런저 압력이 규정값에 도달하면 딜리버리 밸브가 열린다.
③ 커먼 레일 연료 분사장치는 저압의 연료로도 압축 착화가 가능하도록 구현되었다.
④ 분사노즐은 분사펌프에서 보내온 고압의 연료를 미세한 안개 모양으로 연소실 내에 분사한다.

해설

06 시동전동기는 회전하고 있는 상태로 있지 않고, 정지된 상태에서 회전을 시작해 엔진의 크랭크축을 강제로 돌려주어야 하기 때문에 정지된 상태에서 회전력을 측정하는 것이 옳다.

07 세탄가가 높은 연료는 착화성이 좋은 연료이다. 착화성이 좋은 연료는 착화 지연기간을 짧게 하므로 디젤노크를 방지할 수 있는 장점이 있다.

08 연료탱크 밑면에는 드레인 플러그가 설치되어 있어 탱크 내의 이물질 및 수분을 제거할 수 있게 되어 있다.

09 기관오일의 여과 방식
- 전류식(full-flow filter) : 오일펌프에서 나온 오일 전부를 여과기를 거쳐 여과한 후 윤활 부분으로 전달하는 방식
- 분류식(by-pass filter) : 오일펌프에서 나온 오일의 일부만 여과하여 오일팬으로 보내고 나머지는 그대로 윤활 부분에 전달하는 방식
- 샨트식(shunt flow filter) : 오일펌프에서 나온 오일의 일부만 여과하고 나머지 여과되지 않은 오일과 합쳐져서 윤활 부분에 공급되는 방식

10 점도지수는 온도변화에 따른 점도의 변화량을 나타내는 물리량으로 점도지수가 높을수록 온도변화에 따른 점도변화가 작게 나타난다. 즉, 좋은 윤활유의 조건은 점도지수가 높아야 한다는 것이다.

11 커먼 레일 연료 분사장치는 플런저 방식보다 10배 이상의 고압으로 연료를 분사한다.

남은 문제 : 49문항

★
12 회로의 전압이 12V이고 저항이 6Ω일 때 전류는 얼마인가?

① 1A ② 2A
③ 3A ④ 4A

★
13 엔진 과열 시 일어나는 현상이 아닌 것은?

① 각 작동부분이 열팽창으로 고착될 수 있다.
② 윤활유 점도 저하로 유막이 파괴될 수 있다.
③ 금속이 빨리 산화되고 변형되기 쉽다.
④ 연료 소비율이 줄고 효율이 향상된다.

★
14 건설기계에서 축전지의 가장 중요한 역할은?

① 주행 중 점화장치에 전류를 공급한다.
② 주행 중 등화장치에 전류를 공급한다.
③ 주행 중 발생하는 전기부하를 담당한다.
④ 기동장치의 전기적 부하를 담당한다.

15 건설기계에서 사용하는 납산 배터리 취급상 적절하지 않은 것은?

① 자연 소모된 전해액은 증류수로 보충한다.
② 과방전은 축전지의 충전을 위해 필요하다.
③ 사용하지 않은 축전지도 2주에 1회 정도 보충 충전한다.
④ 필요시 급속 충전시켜 사용할 수 있다.

16 안전모에 대한 설명으로 적합하지 않은 것은?

① 안전모 착용으로 불안전한 상태를 제거한다.
② 올바른 착용으로 안전도를 증가시킬 수 있다.
③ 안전모의 상태를 점검하고 착용한다.
④ 혹한기에 착용하는 것이다.

17 교류 발전기 작동 중 소음 발생의 원인으로 가장 거리가 먼 것은?

① 베어링이 손상되었다. ② 벨트 장력이 약하다.
③ 고정 볼트가 풀렸다. ④ 축전지가 방전되었다.

해설

12 옴의 법칙에 따르면 전류는 전압에 비례하고 저항에 반비례한다. 이를 식으로 나타내면 다음과 같다.
V = IR (전압 = 전류×저항)

13 기관이 과열하게 되면 작동 부분의 고착 및 변형, 특히 실린더헤드의 변형이 발생할 수 있으며, 조기 점화 또는 노크 현상이 발생한다. 또한 냉각수 순환이 불량해지고 금속의 산화가 촉진되며 윤활이 불충분하여 각 부품이 손상되게 된다.

14 축전지의 기능
- 기동장치의 전기적 부하를 부담(가장 중요한 기능)
- 발전기가 고장일 경우 주행을 확보하기 위한 전원으로 작용
- 주행 상태에 따른 발전기의 출력과 부하와의 불균형을 조정
- 발전기의 여유 출력을 저장

15 납산 배터리는 사용하지 않는 축전지라도 2주에 1회 정도 보충 충전하여 과방전되는 것을 방지해야 한다. 납산 축전지가 방전된 채로 오래 방치되면 극판이 영구황산납 결정화되어 반응을 돌이킬 수 없게 된다.

16 안전모는 계절에 관계없이 작업 시 항상 착용하는 것이 좋다. 안전모를 착용하더라도 올바른 방법이 아닌 경우나 상태에 이상이 있는 안전모를 착용하는 것은 안전을 보장해 주지 못한다.

17 교류 발전기의 소음은 주로 기계적인 결속이 풀리거나 베어링이 손상된 경우, 그리고 벨트 장력이 약하여 요동치게 되는 경우 생긴다. 축전지가 방전되는 것과 소음은 아무런 관련이 없다.

남은 문제 : 43문항

18 **운전 중 갑자기 계기판에 충전경고등이 점등되었다. 그 현상으로 맞는 것은?**

① 정상적으로 충전이 되고 있음을 나타낸다.
② 충전이 되지 않고 있음을 나타낸다.
③ 충전 계통에 이상이 없음을 나타낸다.
④ 주기적으로 점등되었다가 소등되는 것이다.

★★★★
19 **단동 솔레노이드를 표시하는 기호는 무엇인가?**

① 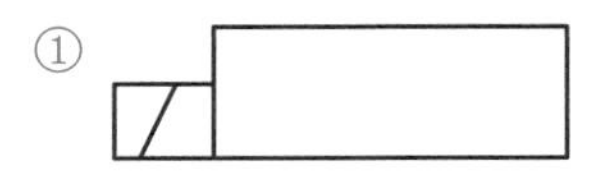
②
③ 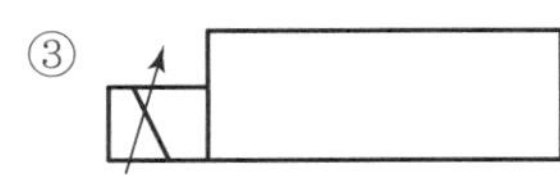
④ 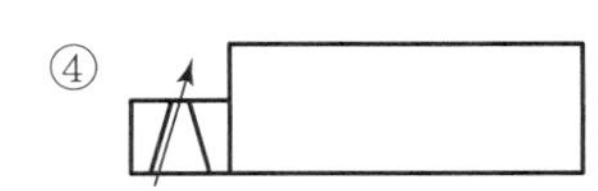

20 **가압식 라디에이터의 장점으로 틀린 것은?**

① 방열기를 작게 할 수 있다.
② 냉각수의 비등점을 높일 수 있다.
③ 냉각수의 순환속도가 빠르다.
④ 냉각장치의 효율을 높일 수 있다.

★
21 **브레이크장치의 베이퍼 록 발생 원인이 아닌 것은?**

① 긴 내리막길에서 과도한 브레이크 사용
② 엔진 브레이크를 장기간 사용
③ 드럼과 라이닝의 끌림에 의한 가열
④ 오일의 변질에 의한 비등점의 저하

★★★
22 **방향지시등 스위치를 작동할 때 한쪽은 정상이고 다른 한쪽은 점멸상태가 정상과 다르게(빠르게 또는 느리게) 작동한다. 고장 원인이 아닌 것은?**

① 전구 1개가 단선 되었을 때
② 플래셔 유닛 고장
③ 좌측 전구를 교체할 때 규정 용량의 전구를 사용하지 않았을 때
④ 한쪽 전구 소켓에 녹이 발생하여 전압 강하가 있을 때

해설

18 시동하는 순간에는 충전경고등이 점등될 수 있으나, 운전 중에 충전경고등이 점등되었다는 것은 충전 계통에 이상이 있다는 신호이다. 그러므로 ② 충전이 되지 않고 있는 상황이 이에 해당된다.

19 ① 단동 솔레노이드
② 복동 솔레노이드
③ 단동 가변 솔레노이드
④ 복동 가변 솔레노이드

20 가압식 라디에이터는 냉각수에 압력을 가하여 비등점을 높일 수 있다. 즉, 냉각수가 끓어 넘치지 않고, 방열기를 상대적으로 작게 만들 수 있으며 냉각 효율을 높일 수 있다. 냉각수 순환속도와 가압 여부는 상관이 없다.

21 베이퍼 록 현상은 브레이크 회로 내의 오일이 비등, 기화하여 오일의 압력 전달작용을 방해하는 현상으로 브레이크 드럼과 라이닝의 끌림 현상에 의한 가열, 마스터 실린더, 브레이크 슈 리턴 스프링 소손에 의한 잔압 저하, 긴 내리막길에서 과도한 풋 브레이크 사용, 브레이크 오일 변질에 의한 비점의 저하가 그 원인이 된다.

22 방향지시등은 양편 전구가 하나의 회로로 연결되어 있어서 전등 하나가 고장 또는 단선되거나 규정 용량의 전구를 사용하지 않았을 경우 남은 한쪽은 점멸하는 속도가 빠르게 된다. 전구 소켓에 녹이 슬어도 전압 강하에 의해 같은 현상이 일어난다.

남은 문제 : 38문항

★
23 유량제어 밸브가 아닌 것은?

① 속도제어 밸브　　② 체크 밸브
③ 교축 밸브　　④ 급속배기 밸브

24 기관을 시동하기 전에 점검할 사항과 가장 관계가 먼 것은?

① 연료의 양　　② 냉각수의 양
③ 엔진오일의 온도　　④ 엔진오일의 양

★★
25 지게차에서 주행 중 핸들이 떨리는 원인으로 틀린 것은?

① 노면에 요철이 있을 때
② 포크가 휘었을 때
③ 휠이 휘었을 때
④ 타이어 밸런스가 맞지 않았을 때

★★
26 지게차에서 화물취급 방법으로 틀린 것은?

① 포크는 화물의 받침대 속에 정확히 들어갈 수 있도록 조작한다.
② 운반물을 적재하여 경사지를 주행할 때는 짐이 언덕 위로 향하도록 한다.
③ 포크를 지면에서 약 800mm 정도 올려서 주행해야 한다.
④ 운반 중 마스트를 뒤로 약 6° 정도 경사시킨다.

★★★
27 타이어식 건설기계장비에서 조향핸들의 조작을 가볍고 원활하게 하는 방법과 가장 거리가 먼 것은?

① 동력조향을 사용한다.
② 바퀴의 정렬을 정확히 한다.
③ 타이어의 공기압을 적정압으로 한다.
④ 종감속 장치를 사용한다.

해설

23 체크 밸브는 방향제어 밸브이다.

24 엔진오일은 엔진이 가동되는 동안 발생한 열에 견딜 수 있도록 만들어져 있으므로 굳이 시동 전에 점검할 필요는 없다. 각종 오일과 연료의 양은 필수적으로 시동 전에 점검해야 한다.

25 주행 중 핸들이 떨리는 것은 조향장치의 이상이 주원인이다.

26 화물을 적재하고 주행할 경우, 포크와 지면과의 간격이 너무 낮거나 너무 높지 않도록 20~30cm를 유지하는 것이 좋다. 너무 높으면 주행 안정성이 떨어진다.

27 타이어식 조향핸들의 조작을 무겁게 하는 원인은 타이어의 공기압이 적정압보다 낮아졌거나 바퀴 정렬 즉, 얼라인먼트가 제대로 이뤄지지 않아서이다. 또한 동력조향을 이용하면 핸들 조작은 쉽게 가벼워질 수 있다. 종감속 장치는 동력 전달계통에서 사용한다.

남은 문제 : 33문항

★
28 1톤 이상 지게차의 정기검사 유효기간은?

① 6월 ② 1년
③ 2년 ④ 3년

★★
29 유압식 지게차 동력 전달 순서는?

① 엔진 → 토크컨버터 → 파워 시프트 → 변속기 → 차동장치 → 앞 구동축 → 차륜
② 엔진 → 클러치 → 변속기 → 종감속 기어 및 차동장치 → 앞 구동축 → 차륜
③ 엔진 → 토크컨버터 → 변속기 → 프로펠러축과 유니버설 조인트 → 종감속 기어 및 차동장치 → 앞 구동축 → 최종 감속장치 → 차륜
④ 축전지 → 컨트롤러 → 구동모터 → 변속기 → 종감속 기어 및 차동장치 → 앞 구동축 → 차륜

30 유압펌프의 토출량을 나타내는 단위로 맞는 것은?

① psi ② LPM
③ kPa ④ W

★★★★
31 지게차 포크를 하강시키는 방법으로 가장 적합한 것은?

① 가속 페달을 밟고 리프트 레버를 앞으로 민다.
② 가속 페달을 밟고 리프트 레버를 뒤로 당긴다.
③ 가속 페달을 밟지 않고 리프트 레버를 뒤로 당긴다.
④ 가속 페달을 밟지 않고 리프트 레버를 앞으로 민다.

★★★★
32 회로 내 유체의 흐르는 방향을 조절하는 데 쓰이는 밸브는?

① 압력제어 밸브 ② 유량제어 밸브
③ 방향제어 밸브 ④ 유압 액추에이터

해설

28 1톤 이상 지게차에 대한 정기검사 유효기간은 20년 이하 2년, 20년 초과 1년이다(건설기계관리법 시행규칙 별표7).

29 ② 클러치식
③ 토크컨버터식
④ 전동식

30 유압펌프 1회전당 토출량은 유량(ℓ/rcv 또는 cc/rev)으로 표시하거나 분당 토출량 ℓ/min(LPM) 또는 GPM으로 표시한다.

31 리프트 레버를 밀면 포크가 내려간다. 이렇게 짐을 부릴 때에는 가속 페달을 밟지 않고 서서히 내려가도록 해야 한다.

32 방향제어 밸브는 회로 내 유체의 흐름 방향을 조절하는 역할을 한다. 이 밖에 유압장치의 밸브에는 압력제어 밸브, 유량제어 밸브가 있다.

남은 문제 : 28문항

★★★
33 유압탱크의 구비조건과 가장 거리가 먼 것은?

① 적당한 크기의 주유구 및 스트레이너를 설치한다.
② 드레인(배출밸브) 및 유면계를 설치한다.
③ 오일에 이물질이 혼입되지 않도록 밀폐되어야 한다.
④ 오일냉각을 위한 쿨러를 설치한다.

★★★
34 유압유가 과열되는 원인과 가장 거리가 먼 것은?

① 릴리프 밸브(Relief Valve)가 닫힌 상태로 고장일 때
② 오일냉각기의 냉각핀이 오손 되었을 때
③ 유압유가 부족할 때
④ 유압유량이 규정보다 많을 때

35 작동유 온도가 과열 되었을 때 유압 계통에 미치는 영향으로 틀린 것은?

① 열화를 촉진한다.
② 점도의 저하에 의해 누유되기 쉽다.
③ 유압펌프 등의 효율은 좋아진다.
④ 온도변화에 의해 유압기기가 열변형되기 쉽다.

★★★★
36 유압장치의 구성요소가 아닌 것은?

① 제어 밸브 ② 오일탱크
③ 펌프 ④ 차동장치

37 실린더 마모와 가장 거리가 먼 것은?

① 출력의 감소 ② 불완전 연소
③ 거버너의 작동 불량 ④ 크랭크실의 윤활유 오손

해설

33 유압탱크는 적정 유량을 저장하고 적정 유온을 유지하며 작동유의 기포 발생 방지 및 제거의 역할을 한다. 주유구와 스트레이너, 유면계가 설치되어 있어 유량을 점검할 수 있다. 유압탱크는 이물질 혼합이 일어나지 않도록 밀폐되어 있어야 한다. 오일냉각기는 독립적으로 설치한다.

34 유압유 과열 원인
- 유압유 노후화
- 유압유 부족
- 유압유 점도 불량
- 유압장치 내에서의 작동유 누출
- 오일냉각기 성능 불량
- 안전밸브의 작동 압력 너무 낮음

35 유압유가 과열하게 되면 유압유 노후화가 촉진되고 점도가 떨어지게 됨에 따라 유압장치 내에서의 작동유 누출이 일어나며 유압유가 부족하게 된다. 열화가 더욱 진행하게 되면 유압장치의 일부분이 열변형을 일으키기도 한다.

36 차동장치는 동력전달장치의 일종으로 양 바퀴의 회전 수 차이를 보상해 주는 장치를 말한다. 유압장치의 구성요소와는 관련이 없다.

37 거버너의 작동 불량은 실린더의 마모와는 상관없는 현상이다.

남은 문제 : 23문항

★★★
38 앞지르기 금지장소가 아닌 것은?

① 터널 안, 앞지르기 금지표지 설치장소
② 버스 정류장 부근, 주차금지 구역
③ 경사로의 정상 부근, 급경사로의 내리막
④ 교차로, 도로의 구부러진 곳

★★
39 건설기계의 주요 구조를 변경하거나 개조한 때 실시하는 검사는?

① 수시검사 ② 신규등록검사
③ 정기검사 ④ 구조변경검사

★
40 전시 상황에서 건설기계 등록신청 기한은 취득한 날로부터 언제까지인가?

① 5일 ② 10일
③ 2월 ④ 3월

41 차마가 도로 좌측 차로로 다른 차를 앞지를 수 있는 경우는 도로 우측부분의 폭이 얼마가 되지 않는 경우인가?

① 5m ② 6m
③ 8m ④ 10m

42 정기검사를 받을 수 없는 사유가 발생한 경우 연기신청은 언제까지 하여야 하는가?

① 검사유효기간 만료일까지
② 검사신청기간 만료일로부터 10일 이내
③ 검사신청기간 만료일까지
④ 검사유효기간 만료일 10일 전까지

해설

38 앞지르기 금지장소(도로교통법 제22조제3항)
1. 교차로
2. 터널 안
3. 다리 위
4. 도로의 구부러진 곳, 비탈길의 고갯마루 부근 또는 가파른 비탈길의 내리막 등 시·도경찰청장이 도로에서의 위험을 방지하고 교통의 안전과 원활한 소통을 확보하기 위하여 필요하다고 인정하는 곳으로서 안전표지로 지정한 곳

39 구조변경검사는 건설기계의 주요 구조를 변경하거나 개조한 경우 실시하는 검사이다(건설기계관리법 제13조).

40 건설기계 등록신청은 건설기계를 취득한 날(판매를 목적으로 수입된 건설기계의 경우에는 판매한 날)부터 2월 이내에 하여야 한다. 다만 전시·사변 기타 이에 준하는 국가비상사태 하에 있어서는 5일 이내에 신청하여야 한다(건설기계관리법 시행령 제3조제2항).

41 차마의 운전자는 도로 우측 부분의 폭이 6미터가 되지 아니하는 도로에서 다른 차를 앞지르려는 경우에는 도로의 중앙이나 좌측 부분을 통행할 수 있다(도로교통법 제13조제4항).

42 천재지변, 건설기계의 도난, 사고발생, 압류, 31일 이상에 걸친 정비 또는 그 밖의 부득이 한 사유로 정기검사 명령, 수시검사 명령 또는 정비 명령의 이행을 위한 검사의 신청기간 내에 검사를 신청할 수 없는 경우에는 정기검사 등의 신청기간 만료일까지 검사·명령이행 기간 연장신청서에 연장사유를 증명할 수 있는 서류를 첨부하여 시·도지사에게 제출해야 한다(건설기계관리법 시행규칙 제31조의2, 2023. 7. 19 개정).

남은 문제 : 18문항

★★★
43 건설기계조종사 면허를 취소하거나 정지시킬 수 있는 사유에 해당하지 않는 것은?

① 면허를 부정한 방법으로 취득하였음이 밝혀졌을 때
② 면허증을 타인에게 대여한 때
③ 조종 중 과실로 중대한 사고를 일으킨 때
④ 여행을 목적으로 1개월 이상 해외로 출국하였을 때

★
44 편도 4차로의 경우 교차로 30m 전방에서 우회전을 하려면 건설기계는 몇 차로로 진입 통행해야 하는가?

① 2차로와 3차로로 통행한다. ② 1차로와 2차로로 통행한다.
③ 1차로로 통행한다. ④ 4차로로 통행한다.

★
45 드릴머신으로 구멍을 뚫을 때 일감 자체가 회전하기 쉬운 때는 어느 때인가?

① 구멍을 처음 뚫기 시작할 때
② 구멍을 중간쯤 뚫었을 때
③ 구멍을 처음 뚫기 시작할 때와 거의 뚫었을 때
④ 구멍을 거의 뚫었을 때

★★★
46 도로교통법상 서행 또는 일시정지할 장소로 지정된 곳은?

① 안전지대 우측
② 가파른 비탈길의 내리막
③ 좌우를 확인할 수 있는 교차로
④ 교량 위를 통행할 때

★
47 도로교통법에 위반이 되는 것은?

① 밤에 교통이 빈번한 도로에서 전조등을 계속 하향했다.
② 낮에 어두운 터널 속을 통과할 때 전조등을 켰다.
③ 소방용 방화물통으로부터 10m 지점에 주차하였다.
④ 노면이 얼어붙은 곳에서 최고속도의 20/100을 줄인 속도로 운행하였다.

해설

43 건설기계조종사 면허의 취소·정지(건설기계관리법 제28조)
1. 거짓이나 그 밖의 부정한 방법으로 건설기계조종사 면허를 받은 경우
2. 건설기계조종사 면허의 효력정지기간 중 건설기계를 조종한 경우
3. 제27조(건설기계조종사 면허의 결격사유) 제2호부터 제4호까지의 규정 중 어느 하나에 해당하게 된 경우
4. 건설기계의 조종 중 고의 또는 과실로 중대한 사고를 일으킨 경우
5. 국가기술자격법에 따른 해당 분야의 기술자격이 취소되거나 정지된 경우
6. 건설기계조종사 면허증을 다른 사람에게 빌려 준 경우
7. 술에 취하거나 마약 등 약물을 투여한 상태 또는 과로·질병의 영향이나 그 밖의 사유로 정상적으로 조종하지 못할 우려가 있는 상태에서 건설기계를 조종한 경우
8. 정기적성검사를 받지 아니하고 1년이 지난 경우
9. 정기적성검사 또는 수시적성검사에서 불합격한 경우

45 드릴머신으로 구멍을 뚫을 때, 일감과 드릴 날의 마찰력이 높아지면 일감 자체가 회전하기 쉬워진다. 마찰력은 두 물체 간의 접촉 면적이 클수록 커지는데, 구멍을 거의 뚫었을 때 드릴 날과 일감 사이의 접촉면적이 가장 크다.

46 서행 또는 일시정지할 장소(도로교통법 제31조)
1. 교통정리를 하고 있지 아니하는 교차로
2. 도로가 구부러진 부근
3. 비탈길의 고갯마루 부근
4. 가파른 비탈길의 내리막
5. 시·도경찰청장이 안전표지로 지정한 곳

47 노면이 얼어붙은 곳에서는 최고속도의 50/100을 줄인 속도로 운행해야 한다(도로교통법 시행규칙 제19조제2항).

남은 문제 : 13문항

48 목재, 종이, 석탄 등 재를 남기는 일반 가연물의 화재는 어떤 화재로 분류하는가?

① A급 화재 ② B급 화재
③ C급 화재 ④ D급 화재

49 안전 · 보건표지의 종류별 용도 · 사용장소 · 형태 및 색채에서 바탕은 흰색, 기본 모형은 빨간색, 관련부호 및 그림은 검정색으로 된 표지는?

① 보조표지 ② 지시표지
③ 주의표지 ④ 금지표지

50 안전한 작업을 하기 위하여 작업 복장을 선정할 때의 유의사항으로 가장 거리가 먼 것은?

① 화기사용 작업에서 방염성, 불연성의 것을 사용하도록 한다.
② 착용자의 취미, 기호 등에 중점을 두고 선정한다.
③ 작업복은 몸에 맞고 동작이 편하도록 제작한다.
④ 상의의 소매나 바지 자락 끝부분이 안전하고 작업하기 편리하게 잘 처리된 것을 선정한다.

51 산업재해를 예방하기 위한 재해예방 4원칙으로 적당치 못한 것은?

① 대량 생산의 원칙
② 예방 가능의 원칙
③ 원인 계기의 원칙
④ 대책 선정의 원칙

★
52 굴착 공사자는 매설배관 위치를 매설배관 ( )부의 지면에 ( ) 페인트로 표시해야 한다. ( ) 안에 들어 갈 내용은?

① 직상, 빨간색 ② 직상, 황색
③ 직하, 빨간색 ④ 직하, 황색

해설

48 A급 화재는 일반화재를 일컫는 것으로, 연소 후 재를 남기는 종류의 화재를 말한다. 나무, 종이, 섬유 등의 가연물 화재가 이에 속한다. 소화할 때는 보통 물을 함유한 용액을 통해 냉각, 질식 소화할 수 있도록 한다.

49 금지표지는 가장 강제성이 높은 내용을 담고 있기 때문에 강렬한 대비의 색채를 사용한다.

50 작업복의 복장을 갖출 때는 작업하고자 하는 종류에서 발생할 수 있는 안전사고를 줄여줄 수 있는 조건을 최우선을 생각해야 한다. 화기를 사용할 경우에는 방염성, 불연성을 고려해야 하며 소매나 바지 자락이 기계에 딸려 들어가지 않도록 조치해야 한다. 또한 몸에 잘 맞지 않아 동작이 어색하지 않도록 준비한다.

51 재해예방 4원칙
1. 손실 우연의 원칙 : 재해손실은 사고 발생 시 사고대상의 조건에 따라 달라짐 (우연성에 의해 결정)
2. 원인 계기의 원칙 : 사고와 손실은 우연적 관계이지만 사고와 원인과의 관계는 필연적
3. 예방 가능의 원칙 : 재해는 원칙적으로 원인만 제거되면 예방 가능
4. 대책 선정의 원칙 : 재해예방을 위한 대책이 중요

52 도시가스사업자는 굴착예정 지역의 매설배관 위치를 굴착공사자에게 알려주어야 하며, 굴착공사자는 매설배관 위치를 매설배관 직상부의 지면에 황색 페인트로 표시할 것(도시가스사업법 시행규칙 별표16)

남은 문제 : 08문항

53 작업자의 안전한 행동으로 틀린 것은?

① 운전 전 점검을 시행한다.
② 작업의 속성과 관계없이 빠른 속도로 작업한다.
③ 작업반경 내의 변화에 주의하면서 작업한다.
④ 작업 종료 후 장비의 전원을 끈다.

54 지게차에서 틸트 장치의 역할은?

① 피니언기어 조정　② 차체 수평 조정
③ 포크 상하 조정　④ 마스트 경사 조정

55 크랭크축에 비틀림 진동이 발생하는 원인이 아닌 것은?

① 실린더의 회전력 변동이 클 때
② 축의 길이가 길 때
③ 기관의 회전속도가 느릴 때
④ 강성이 클 때

56 고압 충전 전선로에 근접 작업할 때 최소 이격 거리는?

① 0.5m　② 1.2m
③ 1.8m　④ 2.8m

★★★★★
57 주차 · 정차가 금지되어 있지 않은 장소는?

① 교차로　② 건널목
③ 횡단보도　④ 경사로의 정상 부근

★
58 현장에서 작업자가 작업 안전상 꼭 알아두어야 할 사항은?

① 장비의 제원　② 종업원의 작업환경
③ 종업원의 기술 정도　④ 안전규칙 및 수칙

해설

53 작업자는 작업 전에 안전에 관한 점검을 최우선적으로 실시해야 하며 작업 범위 내에 안전과 관련된 변화가 일어나는지에 대해 항상 주의해야 한다. 작업의 속성에 따라서는 하나씩 점검하면서 천천히 해야 하는 경우가 많다. 빠른 속도만을 강조하게 되면 안전사고가 발생할 확률이 높다.

54 틸트 장치는 틸트 실린더를 통해 마스트의 경사각을 조정해 주는 장치이다. 포크의 상승과 하강은 리프트 장치(실린더)가 한다.

55 실린더의 회전력 변동이 클수록, 크랭크축의 길이가 길수록, 강성이 작을수록, 기관의 회전속도가 느릴수록 크랭크축의 비틀림 진동은 커진다.

56 전선로와의 안전 이격 거리는 전선이 굵을수록, 애자 수가 많을수록 이격 거리가 커야 한다. 즉, 전압이 높을수록 이격 거리가 커야 한다. 고압 충전 전선로에 근접 작업할 때 최소 이격 거리는 1.2m이다.

57 정차 및 주차의 금지(도로교통법 제32조)
1. 교차로 · 횡단보도 · 건널목이나 보도와 차도가 구분된 도로의 보도
2. 교차로의 가장자리나 도로의 모퉁이로부터 5m 이내인 곳
3. 안전지대가 설치된 도로에서는 그 안전지대의 사방으로부터 각각 10m 이내의 곳
4. 버스여객자동차의 정류지임을 표시하는 기둥이나 표지판 또는 선이 설치된 곳으로부터 10m 이내의 곳

58 작업자는 현장에서 작업 전에 해당 작업장의 안전수칙과 규칙을 숙지해야 한다. 또한 작업 전에 항상 자신의 자세와 장비를 세밀히 점검하고 작업복과 안전장구를 착용해야 한다. 모든 기계는 작업 전에 반드시 점검하여 안전상태를 확인해야 한다.

남은 문제 : 02문항

★★★
59 가스용접의 안전작업으로 적합하지 않은 것은?

① 산소 누설 시험은 비눗물을 사용한다.
② 토치 끝으로 용접물의 위치를 바꾸거나 재를 제거하면 안 된다.
③ 토치에 점화할 때 성냥불과 담뱃불로 사용하여도 된다.
④ 산소 봄베와 아세틸렌 봄베 가까이에서 불꽃 조정을 피한다.

60 도시가스가 공급되는 지역에서 굴착공사를 하고자 하는 자는 가스배관보호를 위하여 누구에게 확인 요청을 하여야 하는가?

① 도시가스사업자 ② 소방서장
③ 경찰서장 ④ 한국가스안전공사

해설

59 가스용접 시 토치에 점화할 때는 전용 점화기를 사용해야 안전하다. 또한 아세틸렌 용접장치 가까이에서 흡연을 하거나 화기를 사용하지 않는다.

60 굴착 공사자는 시험 굴착 및 본 굴착 시 및 필요한 경우 도시가스사업자에게 입회를 요청하여야 하며, 요청받은 도시가스사업자는 입회하여 필요한 사항을 확인할 것 (도시가스사업법 시행규칙 별표16)

지게차 운전기능사 필기 CBT 분석
최신 경향 모의고사

2025년 1월 15일 초판 발행
2025년 1월 10일 초판 인쇄

저 자 JH교통문화연구회
발행인 전 순 석
발행처 정훈사
주 소 서울특별시 중구 마른내로 72, 421호 A
등 록 2-3884
전 화 (02) 737-1212
팩 스 (02) 737-4326